Dr. Torsten Hahn

Berührungslose Defektanalytik von Halbleitermaterialien

Dr. Torsten Hahn

Berührungslose Defektanalytik von Halbleitermaterialien

Modellierung und quantitative Analyse der Mikrowellendetektierten Photoleitfähigkeit

Südwestdeutscher Verlag für Hochschulschriften

Imprint
Any brand names and product names mentioned in this book are subject to trademark, brand or patent protection and are trademarks or registered trademarks of their respective holders. The use of brand names, product names, common names, trade names, product descriptions etc. even without a particular marking in this work is in no way to be construed to mean that such names may be regarded as unrestricted in respect of trademark and brand protection legislation and could thus be used by anyone.

Publisher:
Südwestdeutscher Verlag für Hochschulschriften
is a trademark of
Dodo Books Indian Ocean Ltd., member of the OmniScriptum S.R.L Publishing group
str. A.Russo 15, of. 61, Chisinau-2068, Republic of Moldova Europe
Printed at: see last page
ISBN: 978-3-8381-2440-7

Zugl. / Approved by: Freiberg, TU, Diss., 2009

Copyright © Dr. Torsten Hahn
Copyright © 2011 Dodo Books Indian Ocean Ltd., member of the OmniScriptum S.R.L Publishing group

Berührungslose Defektanalytik von Halbleitermaterialien

Modellierung und quantitative Analyse der Mikrowellendetektierten Photoleitfähigkeit

Dr. rer. nat. Torsten Hahn

4. Mai 2011

Für Sandra, Elina und Jonathan.

Inhaltsverzeichnis

1 Einleitung   7

2 Physikalische Grundlagen   11
  2.1 Mikrowellenmesstechnik 11
      2.1.1 Apparaturkonzept 12
      2.1.2 Theorie der Mikrowellenabsorption 14
  2.2 Lebensdauer freier Ladungsträger 17
      2.2.1 Definition der Ladungsträgerlebensdauer 17
      2.2.2 Rekombinationsmechanismen 19
      2.2.3 Lebensdauermessung 25
  2.3 Simulationsmodell 27
      2.3.1 Ratengleichungssysteme 27
      2.3.2 Modellierung von Photopuls, Transiente und MDP Signalen 30
  2.4 Auswerteverfahren für MDP Signale 36
      2.4.1 Photoleitfähigkeit (Photopulshöhe) 36
      2.4.2 Bestimmung der Lebensdauer 38
      2.4.3 Auswertung des Defektanteils 39
      2.4.4 Inverse Laplace Transformation (ILT) 40
      2.4.5 Topogramm Beispiele 43
  2.5 Andere kontaktlose Messverfahren 45
      2.5.1 Microwave Photoconductance Decay (μ-PCD) 45
      2.5.2 Quasi Steady State Photoconductivity (QSSPC) 46

3 Lebensdauermessung und Defektanalyse   51
  3.1 Modellierung und Analyse einfacher Defektmodelle 53
      3.1.1 Rekombinationszentren und ihr Einfluss auf die effektive Lebensdauer 54
      3.1.2 Bestimmung der Konzentration von Rekombinationszentren 57
  3.2 Modellierung und Analyse von Defektmodellen mit Haftstellen 60
      3.2.1 Vereinfachtes Modellsystem für Haftstellen (TM1) 61
      3.2.2 Stationäre Lösung - Photopulshöhe 62
      3.2.3 Zeitabhängige Lösung - Transiente 63
      3.2.4 Diskussion der analytischen Lösungen 64

3.2.5　Beseitigung von Trapping-Effekten aus Lebensdauermessungen . . 69
3.3　Vergleich von MDP mit QSSPC und μ-PCD 73
　　　3.3.1　Auswahl der Modellsysteme 73
　　　3.3.2　Modellierung der Messverfahren 74
　　　3.3.3　Simulationsergebnisse 76
　　　3.3.4　Messungen mit variabler Anregungspulslänge und Intensität 79
3.4　Quantitativer Eisennachweis in p-Si 84
　　　3.4.1　Berechnung des Kalibrierfaktors C für den Eisennachweis 86
　　　3.4.2　Eisenbestimmung durch injektionsabhängige Messung der Ladungsträgerlebensdauer 89
　　　3.4.3　Ortsaufgelöste Messung der Eisenkonzentration 90
　　　3.4.4　Zusammenfassung 91

4　Untersuchung der MDP Photopulshöhe　93
4.1　Messung absoluter Photoleitfähigkeiten 95
　　　4.1.1　Theoretischer Hintergrund des Kalibrierverfahrens 98
　　　4.1.2　Auswertung der Messergebnisse an p-Si 100
4.2　Charakterisierung von Haftstellen 107
　　　4.2.1　Bestimmung von N_T und E_A 107
　　　4.2.2　Bestimmung des Einfangsquerschnitts σ_n 109
　　　4.2.3　Anwendungsbeispiele 110
　　　4.2.4　Allgemeine Fehleranalyse für die Haftstellenbestimmung 113
4.3　Untersuchungen von MDP Signalen an Siliziumblöcken 115
　　　4.3.1　Lebensdauer und MDP Photopulshöhe an Siliziumblöcken - erste Messergebnisse 116
　　　4.3.2　Ortsabhängige Modellierung der Ladungsträgerkonzentration . . . 117
　　　4.3.3　Ladungsträgerdichte und effektive Lebensdauer dünner Wafer . . . 120
　　　4.3.4　Einfluss der Anregungspulsdauer 122
　　　4.3.5　Ladungsträgerdichte und effektive Lebensdauer an Si Blöcken . . . 125
　　　4.3.6　Zusammenfassung 128

5　Zusammenfassung und Ausblick　131

Literaturverzeichnis　135

Symbolverzeichnis　143

1 Einleitung

Die Anwendung von immer leistungsfähigeren Computern beeinflusst heute neben der Wissenschaft alle Bereiche des täglichen Lebens. Gleichzeitig wird versucht, durch den Einsatz von Solarzellen in industriellem Maßstab, das Problem des ständig steigenden Energiebedarfs zu lösen. Für beide Entwicklungen bilden die speziellen optischen und elektronischen Eigenschaften von Halbleitern die technologische Basis. Die Untersuchung der elektrischen Eigenschaften von Halbleitermaterialien, die maßgeblich durch gezielte oder zufällige Verunreinigungen beeinflusst werden, gehört seit jeher zu den anspruchsvollsten Aufgaben der experimentellen Physik. Angetrieben durch aktuelle industrielle Entwicklungen müssen die zur Verfügung stehenden Messmethoden stetig weiterentwickelt und an neue Anforderungen angepasst werden. Für die preisgünstige Herstellung von immer leistungsfähigeren Bauelementen in der Mikroelektronik ist der Nachweis und die Charakterisierung geringster Verunreinigungen im verwendeten Halbleitermaterial notwendig. So besitzen z.B. kommerziell erhältliche Siliziumkristalle, die nach dem Float-Zone (Fz) Verfahren hergestellt werden, Restverunreinigungen von weniger als 10^{-6} ppm. Bei der industriellen Produktion von Solarzellen ist aufgrund der gewünschten hohen Produktionsmengen eine schnelle Bestimmung der Materialqualität des eingesetzten kristallinen Siliziums für eine Optimierung der Herstellungsprozesse unerlässlich.

Für beide Aufgabenstellungen, die die hochempfindliche und gleichzeitig schnelle Detektion elektrisch aktiver Defekte in einem Halbleitermaterial umfassen, bietet sich der Einsatz von berührungslosen und damit zerstörungsfreien Messmethoden an. In den letzten Jahren haben die dafür zur Verfügung stehenden Verfahren eine enorme qualitative Weiterentwicklung erfahren. Neben den klassischen kontaktbehafteten Untersuchungsmethoden wie DLTS (Deep Level Transient Spectroscopy) [38] stehen mit SPV (Surface Photo Voltage) [71], μ-PCD (Microwave Detected Photo Conductivity Decay) [53] und QSSPC (Quasi Steady State Photoconductivity) [79] verschiedene kontaktlose Methoden zur Verfügung, die in der Forschung und Industrie etabliert sind.

In der jüngeren Vergangenheit wurden jedoch mit den Methoden der MDP (Microwave Detected Photoconductivity) und der davon abgeleiteten MD-PICTS (Microwave Detected Photo Induced Current Transient Spectroscopy) neue Messverfahren vorgestellt [21], die sowohl im Hinblick auf die Nachweisempfindlichkeit als auch bei den benötigten

1 Einleitung

Messzeiten neue Maßstäbe setzen. Diese Eigenschaften führten innerhalb kürzester Zeit zur intensiven Nutzung der neuen Technologie in Industrie und Forschung. Gegenwärtig werden bereits vielfältige Apparaturen bis hin zu prozessintegrierten Messsystemen eingesetzt [17].

Sowohl MDP als auch MD-PICTS basieren auf der zeitaufgelösten, berührungslosen und damit zerstörungsfreien Messung von Photoleitfähigkeitssignalen. Die MDP wird dabei zur ortsaufgelösten Messung verschiedener, wichtiger Halbleiterparameter eingesetzt, während, durch einen erheblich höheren apparativen Aufwand, mit MD-PICTS die Temperaturabhängigkeit der Photoleitfähigkeitssignale untersucht wird. Durch den Einsatz eines neuartigen Detektionssystems besitzen beide Methoden eine bisher nicht erreichte Empfindlichkeit und dadurch gelingt die Untersuchung von Probenklassen, die konventionellen, kontaktbehafteten Verfahren verwehrt bleibt [22]. Weiterhin lassen sich mit der Methode selbst in Float-Zone Silizium, das allgemein als das hochwertigste verfügbare Halbleitermaterial akzeptiert ist, bisher nicht bekannte Defekte nachweisen und charakterisieren [16].

Beim Einsatz MDP und MD-PICTS zur Defektanalytik an bisher nicht zugänglichen Halbleitermaterialien aber auch an Silizium treten jedoch Schwierigkeiten bei der Interpretation der gewonnenen Messergebnisse auf. Als theoretische Grundlage beider Methoden diente bisher die klassische PICTS Theorie [89, 8], wie sie schon seit Jahrzehnten etabliert ist. Diese Theorie wurde speziell für semiisolierende, direkte III-V-Halbleiter entwickelt und basiert dadurch auf Näherungen und Annahmen, die bei der Anwendung auf Silizium als indirekten Halbleiter aber auch bei anderen Materialien nicht immer erfüllt sind.

Des Weiteren ist es durch die hohe Nachweisempfindlichkeit der MDP Apparaturen erstmals möglich, die Lebensdauer von optisch generierten Überschussladungsträgern über viele Größenordnungen der Anregungsintensität hinweg mit einer Messmethode zu untersuchen. Die Lebensdauer (τ) der Ladungsträger im Volumen ist neben der Beweglichkeit (μ) der wichtigste Parameter für die Bewertung der Qualität eines Halbleitermaterials und sie ist insbesondere bei der Charakterisierung von kristallinem Silizium zur Solarzellenproduktion von zentraler Bedeutung. Die theoretische Grundlage gängiger Lebensdaueruntersuchungen bildet die SRH (Shockley-Read-Hall) Theorie [78]. Besonders bei der Untersuchung von Materialien aus industriellen Prozessen erhält man jedoch Messergebnisse, die sich nicht mithilfe dieser Theorie erklären lassen. Derartige Proben weisen oftmals eine Vielzahl von elektrisch relevanten Defekten auf, was die Anwendung der SRH Theorie für die Interpretation gewonnener Messergebnisse verhindert [24].

Beim Einsatz der MDP als analytisches Werkzeug zur Prozesskontrolle werden außerdem Proben unterschiedlichster Oberflächenbeschaffenheit und Geometrie (unpassiviert, epitaktische Schichten) bis hin zu kompletten Bauteilen (Solarzellen) vermessen. Die elektrischen Eigenschaften dieser Proben werden vor allem durch Defekte an den Grenz- und Oberflächen der verschiedenen Materialien beeinflusst. Um Rückschlüsse auf die Qualität der untersuchten Materialien oder Bauteile ziehen zu können, müssen völlig neue Methoden zur Auswertung und Interpretation von MDP Signalen bereitgestellt werden.

Für die Weiterentwicklung der Methoden MDP und MD-PICTS und für die Auswertung komplexer Messaufgaben ist es daher notwendig, die theoretischen Grundlagen der Messverfahren anzupassen sowie neue Möglichkeiten für die Auswertung der gewonnenen Messsignale zu erarbeiten.

Im Kapitel 2 dieser Arbeit werden daher die physikalischen Grundlagen der MDP Methode detailliert untersucht, wobei sowohl das verwendete Detektionsprinzip als auch die relevanten Bereiche der Halbleitertheorie mit einbezogen werden. Dabei werden einige Begriffe und theoretische Ansätze erklärt, die in der weiteren Arbeit verwendet aber nicht näher erläutert werden. Darauf aufbauend wird in Abschn. 2.3 ein Verfahren vorgestellt, das die Modellierung von MDP Signalen für beliebige Defektsituationen im Volumen von Halbleitermaterialien erlaubt. Mit diesem neu entwickelten Ansatz ist es erstmals möglich, die Dynamik der Ladungsträger für Defektmodelle mit einer beliebigen Anzahl und Art von Defekten zu modellieren. Für die Modellierungen werden nur mikroskopische Defektparameter eingesetzt, dadurch ist es möglich aus den Ergebnissen der Simulationsrechnungen sowohl die Lebensdauer als auch die Photoleitfähigkeit einer Probe zu ermitteln. Dieses Simulationsprogramm bildet die Grundlage für die weiteren Untersuchungen in dieser Arbeit.

Mithilfe von Modellierungsrechnungen werden in Abschn. 2.4 die verschiedenen Auswerteverfahren für MDP Signale, insbesondere im Hinblick auf die Unterscheidung des Einflusses verschiedener Defekte, evaluiert. Zu diesem Zweck wird neben den bisher verwendeten Auswerteverfahren die Methode der inversen Laplace Transformation erstmalig zur Auswertung von MDP Messungen herangezogen.

Kapitel 3 stellt verschiedene Aspekte von Messungen der Ladungsträgerlebensdauer mit MDP vor. Unter Verwendung der theoretischen Grundlagen und des Simulationsprogramms aus Kapitel 2 werden die Möglichkeiten von MDP Lebensdauermessungen zur Charakterisierung von Rekombinationszentren untersucht und an ausgewählten Beispielen demonstriert. Die Analyse und Modellierung der Abhängigkeit der Lebensdauer von der Anzahl der erzeugten Überschussladungsträger in der zu untersuchenden Halbleiterprobe erweist sich als äußerst leistungsfähiges Werkzeug für die Bestimmung verschiedener Defektparameter. Es zeigt sich jedoch, dass die experimentellen Ergebnisse bei Messungen mit geringsten optischen Anregungen, die erstmals aufgrund der hohen Empfindlichkeit des MDP Messprinzips kontaktlos realisiert werden können, nicht durch

1 Einleitung

einfache Defektmodelle erklärt werden können. Im Abschn. 3.2 wird daher ein erweitertes Defektmodell vorgestellt, das durch die korrekte Einbeziehung von Haftstellen, den sogenannten "Traps" in die Modellierung, die experimentellen Resultate korrekt beschreibt. Anschließend wird in Abschn. 3.3 die MDP Methode mit der μ-PCD und QSSPC verglichen. Dazu wird das Simulationsprogramm um die Möglichkeit erweitert, QSSPC und μ-PCD Messungen zu modellieren. Die daraus resultierenden Ergebnisse werden durch Messungen an industrierelevanten Proben bestätigt. Erstmalig wird in Abschn. 3.4 der quantitative Nachweis von Eisen in p-dotiertem Silizium mithilfe von MDP Messungen vorgestellt.

Kapitel 4 dieser Arbeit beschäftigt sich ausführlich mit der Photopulshöhe, die mittels MDP über viele Größenordnungen hinweg gemessen werden kann. In Abschn. 4.1 wird dazu ein Kalibrierverfahren erarbeitet, dass erstmalig die Messung absoluter Photoleitfähigkeiten mit MDP ermöglicht. Im Anschluss wird gezeigt, dass dies die Möglichkeit eröffnet, durch injektionsabhängige Messungen der Photoleitfähigkeit Haftstellen im Material zu charakterisieren. Der folgende Abschn. 4.3 beschäftigt sich mit MDP Untersuchungen an multikristallinen Siliziumblöcken, wobei eine Erweiterung des Simulationsmodelles zur Berücksichtigung von Oberflächeneffekten und Diffusionsvorgängen im Material notwendig wird.

Im abschließenden Kapitel 5 werden die Ergebnisse dieser Arbeit zusammengefasst und ein Ausblick auf zukünftige Entwicklungen gegeben.

2 Physikalische Grundlagen

2.1 Mikrowellenmesstechnik

Mikrowellen werden bereits seit mehr als 40 Jahren zur Untersuchung der elektrischen Eigenschaften von Halbleitermaterialien eingesetzt, wobei die Messung der Photoleitfähigkeit im Vordergrund steht. Für die berührungslose Untersuchung der elektrischen Parameter von Halbleiterproben sind unterschiedliche Verfahren etabliert, diese können in Reflexions- und Absorptionsverfahren eingeteilt werden. Die verbreitete und kommerziell erfolgreiche μ-PCD (Microwave Photoconductive Decay) Methode gehört zu den Reflexions Verfahren [53], diese ähneln sehr stark Radarmessungen, bei denen die an einer Halbleiterprobe reflektierte Mikrowellenleistung ausgewertet wird. Ein Beispiel für Absorptionsverfahren stellt die TRMC (Time Resolved Microwave Conductivity) genannte Technik dar [37], bei der die Halbleiterprobe innerhalb eines Hohlleiters platziert und die von der Probe absorbierte Mikrowellenleistung gemessen wird.

Die MDP Methode ist ein Mikrowellenresonator basiertes Messverfahren. Dabei wird die Halbleiterprobe innerhalb eines Hohlraumresonators für Mikrowellen, der sogenannten "Cavity", platziert. Kleinste Änderungen der elektrischen Eigenschaften der Probe bewirken eine Veränderung der Resonanzfrequenz und Dämpfung des verwendeten Hohlraumresonators. Dies wird durch eine geeignete Messanordnung hochempfindlich detektiert. Die sehr erfolgreiche Elektronenspinresonanzspektroskopie (ESR) basiert auf dem gleichen Prinzip [81]. Erste erfolgreiche Untersuchungen photoelektrischer Effekte in Halbleitermaterialien mithilfe von Mikrowellenresonatoren wurden von ARNDT u.a. durchgeführt. Dabei wurden lichtinduzierte Veränderungen der dielektrischen Eigenschaften von Germanium und Silizium untersucht. Es konnte gezeigt werden, dass sich Mikrowellenresonatoren auf Grund ihrer hervorragenden Frequenzstabilität als extrem empfindliche Detektoren für freie Ladungsträger eignen [4]. Später wurde diese Technik von HARTWIG u.a. eingesetzt, um die Effekte von Haftstellen (Traps) in CdS und deren Einfluss auf die Photoleitfähigkeit dieses Halbleitermaterials zu untersuchen. Erstmals konnten durch zeitaufgelöste Messungen der Resonanzfrequenz einer Mikrowellencavity Aussagen über die Dynamik von Füll- und Entleerungsprozessen der Haftstellen und zur Lebensdauer der freien Ladungsträger getroffen werden [27]. Mit fortschreitender Entwicklung der Mikrowellentechnologie und Nachweiselektronik wurden die Methoden zunehmend auf neue Probenklassen angewendet. Durch den Einsatz sehr schneller Nachweiselektronik konnten

2 Physikalische Grundlagen

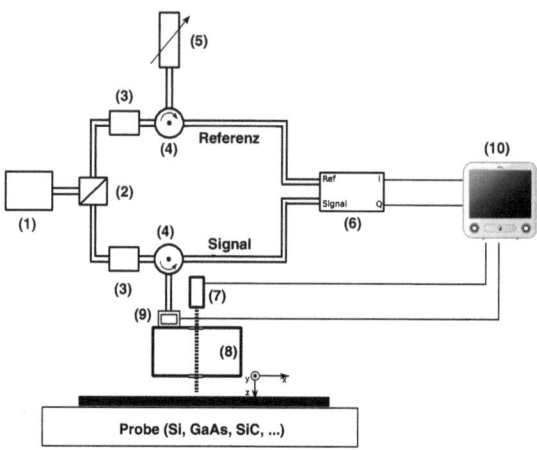

Abbildung 2.1: Prinzipieller Aufbau eines MDP / MD-PICTS Messplatzes: 1 Mikrowellengenerator, 2 Strahlungsteiler, 3 Attenuator, 4 Zirkulator, 5 Phasenschieber, 6 IQ-Detektor, 7 Laser / Optik, 8 Hohlraumresonator (Cavity), 9 Iris, 10 Mess- / Steuerrechner.

z.B. detaillierte Untersuchungen über die Auswirkungen von Defekten in Silberhalogenidkristallen auf den fotografischen Prozess realisiert werden [50]. Von MÜSSIG wurde dazu eine Mikrowellenapparatur eingesetzt, die zeitaufgelöste Messungen der Mikrowellenabsorption bis in den Bereich weniger Nanosekunden erlaubt. Bei all diesen Anwendungen wurden Apparaturen verwendet, bei denen sich die zu untersuchende Halbleiterprobe innerhalb einer speziell dafür angepassten Cavity befindet. Die Geometrie einer Cavity wird durch die Frequenz der verwendeten Mikrowellenstrahlung limitiert. Somit führt die Probenanordnung innerhalb der Cavity oder innerhalb eines Hohlleiters zwangsläufig zur Limitierung der möglichen Probengröße.

2.1.1 Apparaturkonzept

Den schematischen Aufbau eines MDP-Messplatzes zeigt Abb. 2.1. Die für die Messung notwendige Mikrowellenstrahlung wird in einem frequenzstabilen Mikrowellengenerator (1) erzeugt und über einen Strahlungsteiler (2) zu gleichen Teilen in einen Referenz- und einen Signalarm eingespeist. Mithilfe geeigneter Dämpfungsglieder (3) kann die verwendete Leistung reguliert werden. Typischerweise wird mit Mikrowellenleistungen im Bereich von 1 ... 100 MW gearbeitet. Im Referenzarm ist über einen Zirkulator (4) ein Phasenschieber (5) eingebunden. Im Signalarm ist ebenfalls mithilfe eines Zirkulators ein Hohlraumresonator (die Mikrowellencavity) (8) eingebunden. Der verwendete Zirkulator stellt sicher,

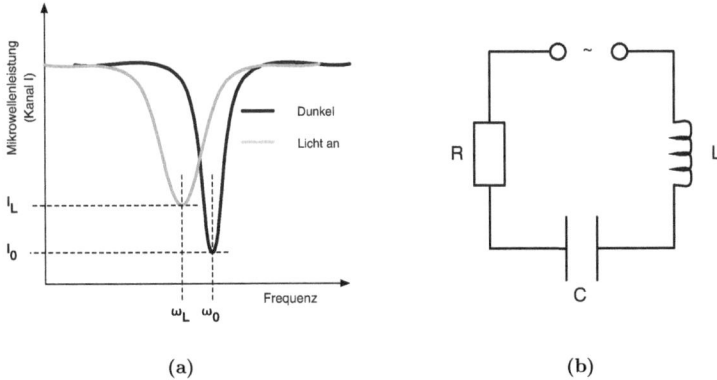

Abbildung 2.2: (a) Resonanzkurve eines Hohlraumresonators mit Halbleiterprobe im Dunkeln und unter intrinsischer Beleuchtung. (b) Äquivalenzschaltbild einer Mikrowellencavity.

dass nur die an der Cavity reflektierte Mikrowellenstrahlung in den Detektor (6) gelangt. Der Hohlraumresonator wirkt als ein Abschlusswiderstand für die Hochfrequenzleitung des Signalarms. Das Messsystem lässt sich durch die Iris (9) und durch Veränderung der Generatorfrequenz so abstimmen, dass der Widerstand des Resonator-Probe-Systems rein reell wird und mit der Impedanz der Hochfrequenzleitung des Signalarms (typischerweise 50 Ohm) übereinstimmt. In diesem Fall werden keine Mikrowellen an der Cavity reflektiert und das Signal am Detektor ist Null.

Um die Limitierung der Probengröße aufzuheben und trotzdem die Vorteile der hochempfindlichen Detektion einer Mikrowellencavity zu nutzen, werden bei MDP- Apparaturen modifizierte Hohlraumresonatoren eingesetzt. Durch ein Loch im Boden der Cavity gelangt ein kleiner Teil des Mikrowellenfeldes nach Außen. Die zu untersuchende Probe befindet sich einige Millimeter vor diesem Loch und berührt die Cavity nicht. Durch diese Anordnung ist die Probe elektrisch an das Messsystem angekoppelt und damit Teil des Dielektrikums in der Cavity.

Für ortsaufgelöste Untersuchungen, die in Topogrammen dargestellt werden, wird die Mikrowellencavity über der Probe (Wafer) bewegt und an jedem Punkt die Zeitabhängigkeit der Photoleitfähigkeit $\Delta\sigma(t)$ gemessen (siehe Abschn. 2.1.2). Auf diese Weise können auch sehr große Proben wie z.B. 300 mm Wafer in kurzer Zeit abgerastert werden. Aufgrund der hohen Empfindlichkeit des Messprinzips sind mit diesem Aufbau zerstörungsfreie und ortsaufgelöste Messungen der Photoleitfähigkeit über viele Größenordnungen der Anregungsintensität und Anregungsdauer möglich. Die Aufnahme der kompletten Zeitabhängigkeit von Anregungspuls und Relaxation ermöglicht die Berechnung der verschiedenen charakteristischen Größen aus den Signalen (Abschn. 2.4).

Für temperaturabhängige Messungen wurden Anlagen entwickelt, die in Temperaturbereichen von 4 bis 500 K arbeiten. Der prinzipielle Aufbau und die Funktionsweise der Mikrowellenapparatur und der Nachweiselektronik sind identisch mit den Topographie-Anlagen.

2.1.2 Theorie der Mikrowellenabsorption

Die theoretische Beschreibung der Mikrowellenabsorptionsmessungen mithilfe von Hohlraumresonatoren erfolgt in zwei Teilen. Im ersten Teil wird allgemein durch die Analyse der Bewegung eines Ladungsträgers in einem Halbleiter unter der Einwirkung eines Mikrowellenfeldes das Phänomen der Energieabsorption beschrieben. Der zweite Teil beschäftigt sich mit der hochempfindlichen Messung der elektrischen Eigenschaften der Probe, die durch das Modell eines RLC-Schwingkreises für die Cavity erklärt wird. Für die Theorie der Mikrowellenabsorption in Halbleitern wird das klassische Modell der erzwungenen Oszillation eines freien oder schwach gebundenen Ladungsträgers im äußeren elektrischen Feld verwendet [36, Kap. 4]. Diese Theorie muss als eine klassische Näherung aufgefasst werden, da es sich bei freien Ladungsträgern in einem Halbleiter natürlich um Teilchen handelt, deren Verhalten nur durch die Quantenmechanik exakt beschrieben werden kann. Trotzdem wird die im Folgenden vorgestellte Theorie sehr erfolgreich für verschiedenste Probleme der Optik und Elektrodynamik eingesetzt.

Die Oszillation von Ladungsträgern, seien es nun Elektronen oder Löcher, wird auf Grund ihrer endlichen Beweglichkeit gedämpft. Dies führt zu einer Umwandlung der Bewegungsenergie der Ladungsträger in Wärme und letztendlich zur Absorption der Mikrowelle im Medium. Die absorbierte Energiemenge ist bei diesem Vorgang proportional zur Anzahl der oszillierenden Ladungsträger.

Die Bewegung eines Elektrons unter dem Einfluss des äußeren Mikrowellenfeldes E_0 wird mit einer klassischen Bewegungsgleichung der Form

$$\ddot{x}_n + \gamma \dot{x}_n + \omega_0^2 x_n = \frac{q_n}{m_n^*} E_0 \, e^{i\omega t} \tag{2.1}$$

beschrieben[1] (q_n Elementarladung, γ Dämpfungskonstante, ω_0 Eigenfrequenz). Die spezielle Lösung von Gl. 2.1 ist eine erzwungene und gedämpfte Schwingung für das Elektron.

$$x_n(t) = \frac{q_n}{m_n^*} \cdot \frac{E_0 \, e^{i\omega t}}{\omega_0^2 - \omega^2 + i\omega \gamma} \, , \tag{2.2}$$

Die komplexe Dielektrizitätskonstante $\tilde{\varepsilon}_r$ des Halbleiters und die Verschiebung x_n von n

---
[1] Die Beschreibung gilt in gleicher Weise für Löcher, wenn m_n^* durch m_p^* ersetzt und eine geeignete Dämpfungskonstante γ für Löcher verwendet wird.

2.1 Mikrowellenmesstechnik

Elektronen sind über die Polarisation P_n des Mediums miteinander verknüpft.

$$P_n = n \cdot x_n \cdot q_n \tag{2.3}$$

Des Weiteren hängt die Polarisation über die Beziehungen

$$P = \chi_e \cdot \varepsilon_0 \cdot E \tag{2.4}$$
$$\chi_e = \tilde{\varepsilon}_r - 1$$

(χ elektrische Suszeptibilität) mit der Dielektrizitätskonstante zusammen. Durch Verknüpfung der Gleichungen 2.2, 2.3 und 2.4 erhält man einen allgemeinen Ausdruck für die komplexe und frequenzabhängige Dielektrizitätskonstante.

$$\tilde{\varepsilon}_r(\omega) = \frac{n\,q_n^2}{\varepsilon_0\, m_n^*} \cdot \frac{1}{\omega_0^2 - \omega^2 + i\omega^2\gamma^2} \tag{2.5}$$

Diese kann mit $\tilde{\varepsilon}_r = \varepsilon' - i\varepsilon''$ in einen Real- und Imaginäranteil zerlegt werden. ω ist die Frequenz der eingesetzten Mikrowellenstrahlung und ω_0 in Gl. 2.5 ist die Resonanzfrequenz der betrachteten Ladungsträger im Material. Für freie Elektronen ist dies die Plasmafrequenz (Gl. 2.6).

$$\omega_0^{\text{frei}} = \sqrt{\frac{n\,q_n^2}{m_n^*\varepsilon_0\varepsilon_r}} \tag{2.6}$$

Für schwach gebundene Elektronen kann die Resonanzfrequenz mit einfachen Oszillatormodellen beschrieben werden [27]. HARTWIG u.a. konnten zeigen, dass bei Messfrequenzen von $\omega > 1$ GHz die freien Ladungsträger in den Bändern der Halbleiter hauptsächlich ε'' beeinflussen. Schwach gebundene Ladungsträger führen dagegen hauptsächlich zu einer Änderung von ε'.

Bei der mikrowellendetektierten Photoleitfähigkeit ist die Probe Teil des Dielektrikums der Mikrowellencavity. Bei einer kleinen Veränderung von $\tilde{\varepsilon}_r$ der Probe (z.B. durch die Generation von freien Elektronen durch Licht) wird die Mikrowelle U' an der Cavity reflektiert und gelangt über den Zirkulator in der Detektor. U' kann mithilfe der Störungstheorie berechnet werden [50, 27, 81]. Bei korrekter Einstellung des Phasenschiebers der MDP Apparatur wird ε'' als Spannungssignal im I-Kanal des IQ-Detektors registriert. Auf Grund des direkten Zusammenhangs zwischen ε'' und σ (Gl. 2.7) wird dadurch ein zeitabhängiges Signal gemessen, das direkt proportional zur Leitfähigkeit der Halbleiterprobe ist [6, Kap. 10].

$$\varepsilon'' = \frac{\sigma}{\varepsilon_0\,\omega} \tag{2.7}$$

Die durch eine Änderung von σ hervorgerufene Mikrowellenabsorption kann für eine Probe

2 Physikalische Grundlagen

mit näherungsweise homogener Leitfähigkeit in einem homogenen elektrischen Feld durch

$$\Delta P_{abs} = V \cdot E^2 \cdot \Delta\sigma \tag{2.8}$$

beschrieben werden (P_{abs} absorbierte Mikrowellenleistung, V vom elektrischen Feld E erfasstes Volumen).

2.2 Generation, Rekombination und Lebensdauer freier Ladungsträger

Der wichtigste mikroskopische Parameter für die Charakterisierung eines Halbleitermaterials ist die Rekombinationslebensdauer. Prinzipiell gilt DLTS (Deep Level Transient Spectroscopy) als eine der empfindlichsten Nachweismethoden für elektrisch aktive Defekte [38]. Es existieren aber technologisch relevante Verunreinigungen, die selbst in geringsten Konzentrationen unterhalb der Nachweisgrenze der DLTS, signifikant die Rekombinationslebensdauer verschlechtern können. Eine besondere Rolle spielt die Rekombinationslebensdauer z.b. bei der Herstellung des Basismaterials von Solarzellen. Bei anderen wichtigen Produkten der Halbleiterindustrie, wie z.b. DRAM (Dynamic Random Access Memory) Chips, beeinflusst die Rekombinationslebensdauer des Basismaterials direkt die sogenannte Refresh-Zeit der Produkte [77].

In der jüngeren Vergangenheit ist das Interesse an Lebensdauermessungen wieder stark aufgelebt, weil die kommerzielle Verfügbarkeit und die apparative Weiterentwicklung der berührungslosen Lebensdauermessmethoden einen Einsatz im industriellen Maßstab erlaubt. Bei geeigneter Ausrüstung können Lebensdauermessungen sehr schnell durchgeführt werden, sie eignen sich daher besonders für prozessintegrierte Untersuchungen. Durch Messungen der Rekombinationslebensdauer werden die elektrisch aktiven und damit die für das Material relevanten Defekte untersucht, während andere Methoden nur begrenzte Aussagen über den Einfluss der gefundenen Defekte auf die elektrischen Eigenschaften des Materials ermöglichen. Injektions- und temperaturabhängige Lebensdauermessungen erlauben ferner eine Identifikation von Defekten und ihre Konzentrationsbestimmung [60].

2.2.1 Definition der Ladungsträgerlebensdauer

Mit dem Begriff Generation wird in einem Halbleiter der Prozess der Erzeugung eines Elektron-Loch-Paares bezeichnet. Die Energie für die Anregung eines Elektrons vom Valenzband (VB) ins Leitungsband (LB) kann durch thermische Prozesse oder durch Photonen mit geeigneter Energie bereit gestellt werden. Die Generationsrate G beschreibt die Anzahl der generierten Elektron-Loch-Paare pro Zeit und Volumenelement. Die Rekombination beschreibt den entgegengesetzten Prozess, bei dem ein Elektron aus dem Leitungsband in einen unbesetzten Zustand in das Valenzband übergeht. Die dabei freigesetzte Energie wird als Photon oder Phonon abgegeben oder auf andere Ladungsträger übertragen, so dass die Erhaltung des Impulses bei jedem einzelnen Rekombinationsprozess gewährleistet wird. Die Anzahl der pro Zeit und Volumen vernichteten Elektron-Loch-Paare wird mit der Rekombinationsrate R beschrieben.

Im thermodynamischen Gleichgewicht wird die thermische Generationsrate G^{th} ex-

2 Physikalische Grundlagen

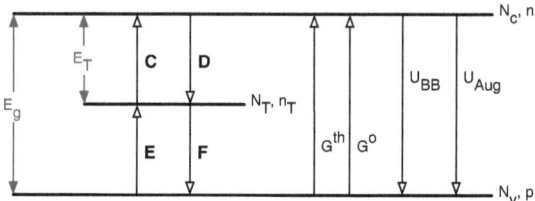

Abbildung 2.3: Schematische Darstellung der möglichen Übergänge eines Ladungsträgers in einem Halbleiter mit einem Defektniveau und den wichtigsten Generations- und Rekombinationsprozessen.

akt durch eine Gleichgewichtsrekombinationsrate R^{GGW} kompensiert. Dies führt zu den Gleichgewichtskonzentrationen n_0 und p_0 der Elektronen und Löcher in den Bändern. Durch eine konstante optische Anregung, beschrieben durch eine zusätzliche optische Generationsrate G^o, geht das System in einen neuen stationären Zustand über, bei dem die erhöhte Generationsrate durch eine ebenfalls erhöhte Rekombinationsrate R ausgeglichen wird. Dabei stellen sich neue Konzentrationen n und p von Elektronen und Löchern ein. Als Überschussladungsträgerkonzentrationen werden die Differenzen $\Delta n = n - n_0$ bzw. $\Delta p = p - p_0$ bezeichnet. Mit dem Begriff Injektion wird immer eine durch ein bestimmtes G^o erreichtes Δn bezeichnet. Nach dem Ausschalten des Lichtes kann das thermodynamische Gleichgewicht nicht sofort wieder hergestellt werden. Die Überschussladungsträger Δn und Δp klingen mit der Nettorekombinationsrate $U = R - R^{\mathrm{GGW}}$ ab. U ist charakteristisch für die verschiedenen Rekombinationsprozesse und im Gleichgewicht ist $U = 0$. Für die Untersuchungen in dieser Arbeit ist nur die Nettorekombinationsrate interessant, deshalb wird sie verkürzt als Rekombinationsrate bezeichnet. Unter der Voraussetzung der Ladungsneutralität $\Delta n = \Delta p$ kann die Zeitabhängigkeit $\Delta n(t)$ der Überschusselektronen mit der Ratengleichung

$$\frac{\partial \Delta n(t)}{\partial t} = -U(\Delta n, n_0, p_0, ...) \qquad (2.9)$$

beschrieben werden. Allgemein kann U mithilfe eines Polynoms von Δn formuliert werden, wobei der Koeffizient des Terms nullter Ordnung gerade gleich Null ist. Für den einfachst möglichen Fall $U \propto \Delta n$ ergibt die Lösung von Gl. 2.9 ein zeitabhängiges Abklingen von Δn, das mit einem einfachen exponentiellen Zusammenhang beschrieben werden kann.

$$\Delta n(t) = \Delta n_0 \cdot e^{-t/\tau} \qquad (2.10)$$

Die Zeitkonstante τ dieses exponentiellen Abfalls repräsentiert die Rekombinationslebensdauer und wird als Ladungsträgerlebensdauer oder kurz Lebensdauer bezeichnet. Sie ist

über die Gleichung
$$\tau(\Delta n, n_0, p_0, ...) := \frac{\Delta n}{U(\Delta n, n_0, p_0, ...)} \tag{2.11}$$
definiert. Eine konstante Lebensdauer kann nach Gl. 2.11 prinzipiell nur im Fall $U \propto \Delta n$ beobachtet werden, somit wird deutlich, dass die Lebensdauer im Allgemeinen stark von n_0, p_0 und damit von der Dotierung, der Temperatur und von der Injektion Δn abhängt. Da die verschiedenen physikalischen Rekombinationsprozesse als unabhängig voneinander betrachtet werden, ist die Gesamtrekombinationsrate U_{eff} gleich der Summe der Rekombinationsraten aller i Teilprozesse. Entsprechend Gl. 2.11 ist die Gesamtlebensdauer τ_{eff} gleich der inversen Summe der reziproken Lebensdauern τ_i für jeden Prozess.

$$U_{\text{eff}} = \sum_i U_i \implies \frac{1}{\tau_{\text{eff}}} = \sum_i \frac{1}{\tau_i} \tag{2.12}$$

Wegen Gl. 2.12 ist τ_{eff} immer kleiner als die kleinste auftretende Lebensdauer. Der folgende Abschnitt gibt einen Überblick über die verschiedenen Rekombinationsmechanismen. Dabei wird auf eine detaillierte theoretische Behandlung verzichtet, da für diese Arbeit lediglich die Ergebnisse für die einzelnen Prozesse relevant sind. Die einzelnen Mechanismen werden in Hinblick auf ihre Relevanz für Silizium erörtert, da in dieser Arbeit Lebensdauermessungen speziell am Beispiel von p-dotiertem Silizium durchgeführt und interpretiert werden.

2.2.2 Rekombinationsmechanismen

Man teilt die Rekombinationsprozesse in Halbleitern in extrinsische und intrinsische Prozesse ein. Intrinsische Mechanismen sind selbst in einem perfekten, ungestörten Kristall vorhanden und können nicht vermieden werden. Zu ihnen gehören die strahlende Band-Band Rekombination (U_{BB}) und die Auger Rekombination U_{Aug}. Als extrinsische Mechanismen werden all die Prozesse bezeichnet, bei denen das Elektron nicht direkt vom Leitungs- ins Valenzband übergeht, sondern dies in einem stufenweisen Prozess unter Beteiligung von Defekten geschieht. Dieser Prozess wird allgemein als Shockley-Read-Hall (SRH) Rekombination U_{SRH} bezeichnet [78]. Die Oberflächenrekombination U_{SRF} ist eine Sonderform der SRH Rekombination, die über besetzbare Oberflächenzustände abläuft.

Intrinsische Rekombination

Die einfachste Variante intrinsischer Rekombination ist die direkte Band-Band Rekombination, sie ist der direkte Umkehrprozess zur optischen Generation. Ein Elektron aus dem Leitungsband geht direkt in einen unbesetzten Zustand (ein Loch) im Valenzband über und gibt seine Energie als Photon ab. Bei direkten Halbleitern wie GaAs ist für diesen Übergang kein Impulsaustausch notwendig, deswegen ist in diesen Materialen die

Band-Band Rekombination viel stärker ausgeprägt als z.B. in Silizium. Die entsprechende Rekombinationsrate U_{BB} kann als

$$U_{BB} = B\left(np - n_i^2\right) \qquad (2.13)$$

geschrieben werden. Der Koeffizient B reflektiert direkt die quantenmechanische Wahrscheinlichkeit eines strahlenden Übergangs vom VB ins LB.

Der für Silizium wichtigere Prozess der Auger Rekombination ist ein drei Teilchen Prozess. Bei diesem wird die bei der Rekombination eines Elektron-Loch Paares frei werdende Energie auf ein drittes Teilchen übertragen. Dieses gibt die Energie über Phononen an das Kristallgitter ab. Es existieren verschiedene Auger Rekombinationsraten, je nachdem, ob das dritte Teilchen ein Elektron oder ein Loch ist (Gl. 2.14).

$$U_{Aug} = C_n\left(n^2 p - n_0^2 p_0\right) + C_p\left(np^2 - n_0 p_0^2\right) \qquad (2.14)$$

Die Auger Koeffizienten C_n und C_p für die jeweiligen Prozesse sind sehr gut bekannt [49]. Aus Gl. 2.14 geht hervor, dass die Auger Rekombination stark von den Gleichgewichtskonzentrationen n_0 und p_0 und damit stark von der Dotierung des Materials abhängt. Des Weiteren trägt die Auger Rekombination nur bei hohen Injektionen Δn wesentlich zur Rekombination in Silizium bei.

Shockley-Read-Hall (SRH) Rekombination

Für die Anwendung von Lebensdauermessungen als Untersuchungsmethode zur Defektanalyse ist vor allem der von SHOCKLEY u.a. vorgestellte Mechanismus der Rekombination von Elektronen über Zustände in der Bandlücke wesentlich [78]. Der SRH Formalismus wird in der Literatur an vielen Stellen eingehend analysiert (z.B. [42]). Deswegen wird in dieser Arbeit auf eine detaillierte Ableitung verzichtet, sondern es werden nur die wichtigsten Ergebnisse genannt.

Bei der SRH Rekombination wird ein Elektron aus dem Leitungsband durch einen Defekt N_T eingefangen. Dieser Vorgang ist in Abb. 2.3 als Prozess D gekennzeichnet. Die Rekombination mit einem Loch kann als weiterer Übergang des getrappten Elektrons n_T ins Valenzband aufgefasst werden. Unter bestimmten Randbedingungen ist dabei der Einfang des Elektrons (D) der geschwindigkeitsbestimmende Schritt und für die SRH-Lebensdauer τ_{SRH} können einfache Ausdrücke gewonnen werden. Durch die Beteiligung eines Defektes N_T an diesem Prozess ist die Impulserhaltung stets gewährleistet, deshalb ist die SRH Rekombination der dominierende Rekombinationsprozess in indirekten

Halbleitern. Die entsprechende Rekombinationsrate kann allgemein als

$$U_{\text{SRH}} = \frac{(np - n_i^2)}{(N_T \sigma_n v_{\text{th}})^{-1}(p + p_1) + (N_T \sigma_p v_{\text{th}})^{-1}(n + n_1)} \quad (2.15)$$

geschrieben werden. Dabei stellen n_1 und p_1 die sogenannten SRH-Konzentrationen dar [42].

Trotz ihrer breiten Anwendbarkeit und der möglichen Verallgemeinerung für verschiedene Klassen von Rekombinationszentren ist die SRH-Theorie für die korrekte Beschreibung der Lebensdauer in vielen praktischen Fällen nur bedingt geeignet. Die SRH-Theorie verliert ihre Gültigkeit, wenn: (i) der betrachtete Defekt eine Elektronenhaftstelle ist, (ii) die thermische Reemission des eingefangenen Elektrons aus dem Defekt in das Leitungsband signifikanten Einfluss gewinnt, (iii) mehrere Rekombinationszentren vorliegen, die nicht als unabhängig voneinander betrachtet werden können. Mit einem allgemeineren Ansatz können diese Nachteile jedoch überwunden werden, dieser wird in den Kapiteln 3.2 und 3.1 vorgestellt.

Oberflächenrekombination

Die Parameter von Bauteilen, die aus Halbleitermaterialien hergestellt werden, hängen sehr stark von der Lebensdauer τ_b im Volumen des Materials ab, weshalb die genaue Kenntnis von τ_b von großem Interesse ist. Ein prinzipielles Problem ist jedoch, dass, zusätzlich zu den bisher dargestellten Rekombinationsmechanismen, die Rekombination an der Probenoberfläche wesentlichen Einfluss auf die Bestimmung der Volumenlebensdauer hat. Bei der Auswertung von gemessenen Photoleitfähigkeitstransienten erhält man deshalb immer eine effektive Lebensdauer τ_{eff}, die i.a. nicht mit der Volumenlebensdauer τ_b identisch ist.

Die Ursache der Oberflächenrekombination ist die Unterbrechung des periodischen Gitters, wodurch eine große Zahl von besetzbaren Zuständen in der Bandlücke gebildet wird, an denen Rekombinationsvorgänge stattfinden können. Eine Übereinstimmung des gemessenen τ_{eff} mit der Volumenlebensdauer τ_b ist nur möglich, wenn: (i) die Probendicke W sehr groß ist und die Generation der Ladungsträger weit entfernt von den Oberflächen stattfindet ($W \to \infty$), (ii) keine Rekombination an den Oberflächen der Probe stattfindet. Da heutige Wafer eine sehr geringe Dicke aufweisen ($W \ll 1\,\text{mm}$), bleibt für eine Messung der Volumenlebensdauer nur die Möglichkeit einer Passivierung der Probenoberfläche. Für die Oberflächenpassivierung werden verschiedene Verfahren eingesetzt. Die am häufigsten verwendeten sind: (i) chemische Passivierung mit Flusssäure (HF) oder Jod-Alkohol-Lösung [11], (ii) Aufladen der Oberfläche mittels Korona-Ladung [69], (iii) Abscheiden einer SiO_2 Schicht [57], (iv) abscheiden einer SiN Schicht [66].

Jedes dieser Verfahren hat individuelle Vor- und Nachteile. Am häufigsten wird eine

Passivierung durch Abscheiden einer SiO_2- oder SiN-Schicht verwendet, da entsprechende Prozessschritte oftmals ohnehin für die Herstellung von Bauteilen benötigt werden. Die Passivierung der Oberflächen gelingt jedoch nie perfekt, so dass immer eine Lebensdauer gemessen wird, die kleiner als die tatsächliche Volumenlebensdauer ist (vgl. Gl. 2.12). Auf den ersten Blick stellt dies kein Problem dar, wenn sich die Messungen auf einen relativen Vergleich von Proben, wie es in der Prozesskontrolle oft der Fall ist, beschränken. Bei genauerer Betrachtung stellt sich jedoch heraus, dass es sehr stark von der untersuchten Probe und der verwendeten Oberflächenpassivierung abhängt, ob die Identifikation $\tau_{\text{eff}} \approx \tau_{\text{b}}$ gerechtfertigt ist. Weiterhin ist es notwendig, die Genauigkeit von Lebensdauermessungen einschätzen zu können, wenn diese später zur Defektcharakterisierung verwendet werden sollen.

Im Gegensatz zu den vorher beschriebenen Rekombinationsarten, erfolgt die theoretische Beschreibung der Oberflächenrekombination in etwas abgewandelter Form. Man benutzt, wie bei den anderen Rekombinationsprozessen auch, eine Oberflächenrekombinationsrate U_s zur Beschreibung, diese besitzt jedoch die Einheit $\left[\text{cm}^{-2}\,\text{s}^{-1}\right]$, also einer Rate pro Flächeneinheit. Die Definition einer Oberflächenlebensdauer nach Gl. 2.11 ist mit einer so definierten Rate nicht sinnvoll und man verwendet alternativ eine neue Größe, die Oberflächenrekombinationsgeschwindigkeit (ORG) S. Diese Größe ist analog zur Lebensdauer als

$$S := \frac{U_s}{\Delta n} \qquad (2.16)$$

definiert. S erlaubt somit eine direkte Beschreibung der Rekombinationsaktivität der Halbleiteroberfläche und ist ein Maß für deren Passivierung. Entscheidend für den genauen Wert von S ist zum einen die Diffusion der Ladungsträger zur Oberfläche und zum anderen die Konzentration der Rekombinationszentren, die die Ladungsträger an der Oberfläche vorfinden. Die thermische Geschwindigkeit v_{th} der Ladungsträger im Halbleitermaterial kann als obere Grenze für S angenommen werden. Der wesentliche Unterschied der Defekte an den Grenzflächen zu denen im Volumen des Halbleiters ist die energetische Verteilung in der Bandlücke. Während Volumendefekte meist ein scharfes Energieniveau aufweisen, rufen Grenzflächenzustände oftmals kontinuierliche Verteilungen der Energieniveaus hervor. Die Ursache dieser Verteilungen sind z.B. statistische Schwankungen der Bindungswinkel und Bindungslängen von Dangling-Bond-Zuständen [20]. Für die Berechnung von S verwendet man einen erweiterten SRH-Formalismus:

$$S(\Delta n_{\text{s}}) = (n_0 + p_0 + \Delta n_{\text{s}}) \int_{E_V}^{E_C} \frac{v_{\text{th}}\, D_{\text{it}}}{(n_0 + n_1 + \Delta n_{\text{s}})\, \sigma_{\text{p}}^{-1} + (p_0 + p_1 + \Delta n_{\text{s}})\, \sigma_{\text{n}}^{-1}}\, dE \qquad (2.17)$$

bei dem über den gesamten Energiebereich der Bandlücke integriert wird. Man benötigt

2.2 Lebensdauer freier Ladungsträger

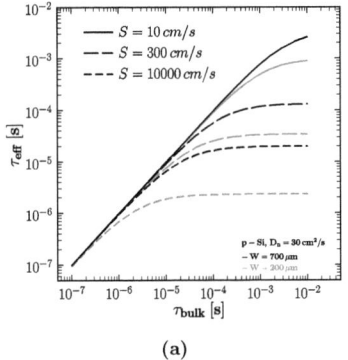
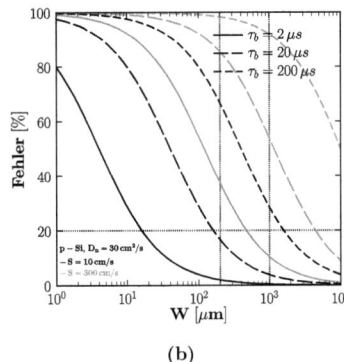

(a) (b)

Abbildung 2.4: (a) Abhängigkeit der effektiven Lebensdauer τ_eff von der Oberflächenrekombinationsgeschwindigkeit S für verschiedenen Probendicken W (nach Gl. 2.18) am Beispiel p-dotierten Siliziums. (b) Relativer Fehler bei der Bestimmung der Volumenlebensdauer aus der Messung von τ_eff als Funktion der Probendicke.

dazu Informationen über die Zustandsdichte D_it der Grenzflächendefekte und erhält die ORG S in Abhängigkeit von der Injektion an der Probenoberfläche Δn_s [2].

Ist der Wert der ORG bekannt, kann für Proben mit zwei identisch passivierten Oberflächen ($S = S_1 = S_2$) und der Dicke W der Einfluss von S auf die effektive Lebensdauer analytisch berechnet werden. Von SPROUL [82] wurden einfache Ausdrücke vorgestellt, die für Werte von $S < 250$ cm/s und $S > 10^5$ cm/s eine exakte Beschreibung liefern. Er konnte ausserdem zeigen, dass die Kombination der dort abgeleiteten Ausdrücke eine Formel für τ_eff liefert, die für den relevanten Bereich der Parameter S, W und D_n eine sehr gute Näherung mit einem Fehler $< 10\%$ liefert (Gl. 2.18).

$$\tau_\text{eff}^{-1} = \tau_\text{b}^{-1} + \left(\frac{W}{2S} + \frac{1}{D_n}\left(\frac{W}{\pi}\right)^2 \right)^{-1} \quad (2.18)$$

Beidseitig passivierte, dünne Wafer sind so hinreichend gut charakterisierbar [52]. Für komplizierte Proben, wie z.B. Silizium Blöcke oder Wafer mit unterschiedlich passivierten Oberflächen müssen andere Verfahren für eine Umrechnung von τ_eff in τ_b angewendet werden. Eine allgemein anwendbare Variante, die auf der ortsaufgelösten Simulation der Ladungsträgerdichte in der Halbleiterprobe basiert, wird in Abschn. 4.3 dieser Arbeit vorgestellt.

Wie wirken sich diese Zusammenhänge auf die gemessene Lebensdauer aus? Die Beziehung zwischen τ_eff und τ_b, die sich nach Gl. 2.18 für verschieden dicke Proben mit unterschiedlicher ORG ergeben, zeigt Abb. 2.4a. Der systematische Fehler, der durch das Gleichsetzen von τ_{eff} mit τ_b entsteht, hängt bei einer gegeben ORG sehr stark von der Dicke und von der Volumenlebensdauer der Proben ab (Abb. 2.4b). Um dies zu veranschaulichen, sollen zwei Beispiele betrachtet werden.

Betrachtet werden soll zunächst ein 300 μm dicker und hochwertiger Siliziumwafer, wie er z.B. mit dem Float-Zone Verfahren hergestellt wird. Float-Zone Material besitzt nur geringste Konzentrationen an Verunreinigungen, und man kann davon ausgehen, dass bei einem solchen Wafer die Volumenlebensdauer z.B. $\tau_b = 1\,\text{ms}$ beträgt. Die Oberfläche des Wafers soll mit thermischem SiO_2 passiviert sein und die ORG einen Wert von $S = 20\,\text{cm/s}$ besitzen, was ein realistischer Wert für diese Art der Passivierung ist. Die gemessene effektive Lebensdauer beträgt dann (nach Gl. 2.18) ca. 430 μs, der Fehler beträgt also hier trotz der sehr guten Oberflächenpassivierung mehr als 50 %. Weiterhin ist für zweidimensionale Lebensdauertopogramme eine gleichmäßige Passivierung des untersuchten Wafers notwendig. Angenommen, die ORG ist in einem Bereich des Wafers infolge von Inhomogenitäten in der Prozessführung auf $S = 40\,\text{cm/s}$ angestiegen, was immer noch einer sehr gut passivierten Oberfläche entspricht, dann sinkt die gemessene effektive Lebensdauer auf ca. 270 μs ab, obwohl die Volumenlebensdauer unverändert geblieben ist.

Als zweites Beispiel soll ein typischer Wafer aus der Solarzellenproduktion betrachtet werden, der eine Volumenlebensdauer von $\tau_b = 50\,\mu s$ besitzt und zum besseren Vergleich ebenfalls 300 μm dick sein soll. Verwendet man ansonsten die identischen Bedingungen aus dem vorigen Beispiel, so erhält man ein $\tau_{\text{eff}} = 47\,\mu s$ für $S = 20\,\text{cm/s}$ und ein $\tau_{\text{eff}} = 44\,\mu s$ für $S = 40\,\text{cm/s}$. Die Abweichung zur wahren Volumenlebensdauer beträgt bei diesem Beispiel nur 12 % und die Schwankung zwischen den gemessenen Werten infolge der Änderung der ORG ist mit 3 μs praktisch vernachlässigbar.

Es bleibt also festzuhalten, dass besonders bei der Interpretation von gemessenen effektiven Lebensdauern hochwertiger Proben die ORG die dominierende Rolle spielt. Bei Proben mit einer weniger hohen Volumenlebensdauer ($\tau_b < 100\,\mu s$) bewegt sich der Fehler, der bei gut passivierten Oberflächen immer noch auftritt, in einem Rahmen, der das Gleichsetzen von τ_{eff} mit τ_b rechtfertigt. Bei der Untersuchung von unbekannten Proben steht man vor dem Problem, dass man weder τ_b noch S kennt und nur die effektive Lebensdauer messen kann. Eine Möglichkeit, die ORG und die Volumenlebensdauer abzuschätzen ist die Messung der effektiven Lebensdauer bei unterschiedlichen Probendicken, wie sie Abb. 2.5 zeigt.

Durch Anpassen von Gl. 2.18 an gemessene Lebensdauerdaten mit τ_b und S als freie Parameter erhält man die gesuchten Werte S und τ_b. Solche Experimente sind allerdings sehr aufwändig, und führen nur zu ungenauen Ergebnissen für τ_b. Sie liefern aber wertvolle Hinweise zur Größe von S, die für eine Beurteilung der Genauigkeit der Lebensdauermessung heran gezogen werden kann.

2.2 Lebensdauer freier Ladungsträger

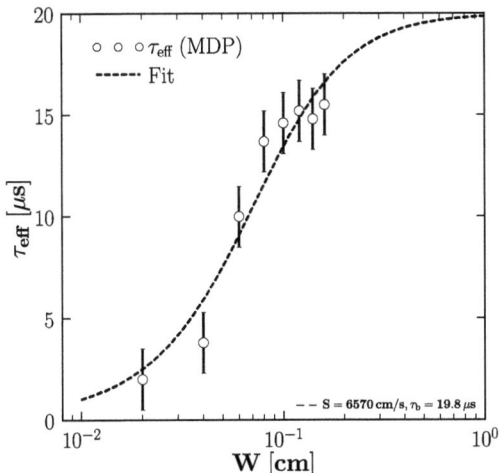

Abbildung 2.5: Anpassung gemessener effektiver Lebensdauern bei verschiedenen Probendicken mit Gl. 2.18 zur Bestimmung der Oberflächenrekombinationsgeschwindigkeit S und der Volumenlebensdauer τ_b.

2.2.3 Lebensdauermessung

Wie in den vorangegangenen Abschnitten gezeigt wurde, ist die Lebensdauer τ eine sehr gut definierte Größe. Auch die einzelnen Rekombinationsparameter, die alle zusammen zur effektiven Lebensdauer beitragen, sind sowohl theoretisch sehr gut erfasst als auch messtechnisch sehr genau untersucht. Zusätzlich wird deutlich, dass Lebensdauermessungen nur dann Informationen über relevante Defekte liefern, wenn die Rekombinationsaktivität zumindest teilweise über diese Defkte und nicht ausschließlich über die Oberfläche oder intrinsische Prozesse abläuft.

Weitere Probleme für die Interpretation von Lebensdauermessungen ergeben sich aus den zur Lebensdauerbestimmung eingesetzten Messverfahren. Alle etablierten Methoden (QSSPC, μ-PCD und auch MDP) basieren auf der Messung der zeitabhängigen Photoleitfähigkeit $\Delta\sigma(t)$.

$$\Delta\sigma(t) = [\mu_n \cdot \Delta n(t) + \mu_p \cdot \Delta p(t)] \cdot e \qquad (2.19)$$

(e Elementarladung, $\mu_{n,p}$ Beweglichkeit der Elektronen / Löcher). Die Lebensdauer ist jedoch nach Gl. 2.11, als zeitliche Änderung der Überschußladungsträgerkonzentration $\partial\Delta n/\partial t$, definiert und man erhält prinzipiell nur dann aus $\Delta\sigma(t)$ eine korrekte Information über τ, wenn (i) sowohl die Konzentration als auch die Zeitabhängigkeit beider Ladungsträgersorten identisch sind ($\Delta n = \Delta p$, $\Delta n(t) = \Delta p(t)$) und (ii) die Beweglichkeiten von Elektronen μ_n und Löchern μ_p nicht wesentlich von Δn und Δp abhängen. In Abschn. 3.2 dieser Arbeit wird gezeigt, dass gerade die erste Bedingung in vielen Situationen, wie z.B. beim Auftreten von Haftstellen, nicht erfüllt ist und dass aus diesem Grund auch die einzelnen Lebensdauermessmethoden unterschiedliche Werte für τ_eff in bestimmten Defektsituationen liefern. Hinzu kommt, dass die verschiedenen Messverfahren die effektive Lebensdauer mit unterschiedlichen Verfahren aus den gemessenen Photoleitfähigkeiten bestimmen. Dies führt ebenfalls zu Abweichungen, die einen direkten Vergleich gemessener Lebensdauerdaten erschweren.

In den nächsten Abschnitten werden die Details eines Simulationsprogrammes vorgestellt, mit dem Photoleitfähigkeitssignale für beliebige Defektkonfigurationen in einer Halbleiterprobe berechnet werden können. Die Simulationsumgebung ist außerdem in der Lage Messbedingungen zu modellieren, wie sie für MDP-, aber auch für QSSPC- und μ-PCD-Messungen typisch sind. Im Anschluss daran werden die hier angesprochenen Probleme bei der Lebensdauerbestimmung an ausgewählten praktischen Anwendungen diskutiert und Lösungsmöglichkeiten erarbeitet.

2.3 Simulationsmodell

Das eigentliche Ziel einer MDP Messung ist es, aus der Analyse der gemessenen Signale Rückschlüsse über den Defektgehalt der untersuchten Probe zu ziehen. Oftmals kann ein dabei erhaltener Signalverlauf nicht den Eigenschaften eines einzigen, dominierenden Defektes zugeschrieben werden. Die im letzten Abschnitt dargestellten Bedingungen, unter denen Lebensdauermessungen durch einfache Rekombinationsmodelle beschreibbar sind, werden besonders bei Proben aus industriellen Prozessen aufgrund ihres vielfältigen Defektinventars oft nicht erfüllt. Die MDP Methode wurde außerdem von Anfang an mit dem Ziel entwickelt, temperaturabhängige Messungen der Photoleitfähigkeit zu ermöglichen. Bei derartigen Messungen ist jedoch gerade der Nachweis und die Charakterisierung von Haftstellen das Ziel der Untersuchungen.

Wie in der Literatur bereits diskutiert wurde, ist die SRH Theorie nur anwendbar, falls Effekte durch Haftstellen ausgeschlossen werden können [42]. Unter diesen strengen Nebenbedingungen beschreibt diese Theorie die Abhängigkeiten der Lebensdauer in einem bestimmten Injektionsbereich korrekt. Die einfache PICTS Theorie [8, 1] setzt wiederum für die durch sie gelieferte Beschreibung der Dynamik von Haftstellen eine konstante, von den Eigenschaften der untersuchten Haftstellen unabhängige Lebensdauer voraus. Dies führt zu einem prinzipiellen Problem bei der Interpretation von MDP Untersuchungen, da bei diesen Messungen sowohl die Lebensdauer als auch Informationen über Haftstellenzustände gewonnen werden sollen. Es existiert im Moment keine einheitliche Theorie, die es ermöglicht, die Problematik der Lebensdauermessungen und die Haftstellendynamik gleichzeitig zu beschreiben.

Für die Interpretation sowohl temperatur- als auch injektionsabhängiger MDP Messungen ist es daher notwendig, eine anwendbare theoretische Grundlage zu erarbeiten. Zu diesem Zweck wurde ein Simulationsprogramm entwickelt, welches ausgehend von wenigen Grundprinzipien, die Modellierung von einzelnen MDP Signalen bis hin zu kompletten Messabläufen ermöglicht. Bei der Realisierung wurde bewusst auf Näherungen und Vereinfachungen, wie sie bei der Herleitung der SRH und PICTS Theorie verwendet werden, verzichtet. Aus diesem Ansatz heraus ist ein Modellierungswerkzeug entstanden, mit dessen Hilfe die Ladungsträgerdynamik in komplexen Defektsystemen nachgebildet werden kann. Im Folgenden werden die physikalischen Prinzipien des Simulationsprogramms dargestellt.

2.3.1 Rategleichungssysteme

Rategleichungen werden verwendet, um die zeitliche Änderung der Ladungsträger in den Bändern ($\dot{n}$, $\dot{p}$) und Defekten ($\dot{n}_\mathrm{T}$) zu beschreiben. Die optischen oder thermischen Übergänge der Ladungsträger zwischen den Bändern und den Defekten werden durch entsprechende Übergangsraten beschrieben. Es können beliebig viele Defektniveaus berücksichtigt werden, wobei die Wechselwirkung zwischen einzelnen Defekten vernachlässigt wird. Dies entspricht der Annahme einer hinreichend geringen Defektkonzentration im Material, so dass sich die einzelnen Defekte räumlich weit voneinander entfernt befinden, weiterhin ist eine Wechselwirkung einzelner Defekte untereinander stets über die Bänder möglich.

Den Ausgangspunkt für die Entwicklung des Simulationsprogramms bilden die Arbeiten von YOSHIE, BRASIL u.a. zur klassischen PICTS-Theorie[2] (Photo Induced Current Transient Spectroscopy) [89, 8]. Sie verwenden ein Ratengleichungssystem (RGS) der Form

$$\dot{n} = C - D + G_n^o + G_n^{th} - n(t) \cdot \tau^{-1} \quad (2.20a)$$

$$\dot{p} = F - E + G_p^o + G_p^{th} - p(t) \cdot \tau^{-1} \quad (2.20b)$$

$$\dot{n}_T = D - C - F + E \quad (2.20c)$$

um die elementaren Vorgänge bei konventionellen kontaktbehafteten PICTS Messungen zu erklären. Der Schwerpunkt liegt dabei auf einer korrekten Beschreibung von thermischen Vorgängen an Haftstellen in hochohmigen GaAs. Die Prozesse C, D, E und F in Gl. 2.20 symbolisieren die verschiedenen Einfang- und Emissionsprozesse am Defekt N_T (siehe Abb. 2.3). C steht für die thermische Anregung eines Elektrons aus dem Defekt ins Leitungsband und D beschreibt den Einfang eines Elektron aus dem Leitungsband in den Defekt, mit E (Einfang) und F (Emission) sind die entsprechenden Übergänge für Löcher zwischen Defekt und Valenzband beschrieben.

Das Gleichungssystem Gl. 2.20 besitzt verschiedene Nachteile, die in ähnlicher Form für viele in der Literatur verwendeten RGS zutreffen. Zum einen wird die Rekombination in Gl. 2.20 durch eine konstante Lebensdauer beschrieben. Wie bereits ausführlich dargelegt wurde, erhält man ein konstantes τ nur für bestimmte Sonderfälle. Zum anderen ist als Generationsmechanismus nur die optische oder thermische Anregung von Ladungsträgern aus den sogenannten "inaktiven" Defekten berücksichtigt. Andere RGS verwenden wiederum nur die optische Band-Band Anregung, vernachlässigen aber die thermische Band-Band Generation (siehe [64, Kap. 3]). Des Weiteren verwendeten die Autoren für ihre Beschreibung der PICTS Signale ausschließlich die Lösung für $n(t)$. Die Näherungen in Gl. 2.20 wurden vorgenommen, um möglichst einfache analytische Lösungen für die RGS zu finden. Um dies zu erreichen, verwendeten die Autoren bereits vereinfachte Ausdrücke für die individuellen Übergangsraten. Es gelang, mit Gl. 2.20 erfolgreich Messungen an GaAs zu erklären. Von GRÜNDIG-WENDROCK wurde ein eng an Gl. 2.20 angelehntes RGS für eine erste Erklärung des Auftretens von positiven und negativen Peaks für den EL2 Defekt im PICTS-Spektrum für SI-GaAs verwendet [22].

---

[2]In der Literatur findet man ebenfalls die Bezeichnung PITS (Photo Induced Transient Spectroscopy).

Für den jeweiligen Spezialfall sind die in den RGS getroffenen Näherungen richig, jedoch kann auf diese Weise kein allgemein anwendbares Simulationsmodell erstellt werden. Es zeigt sich, dass speziell die Annahme eines konstanten τ für die Verallgemeinerung auf andere Halbleitersysteme wie Si oder SiC problematisch ist. Von SCHMERLER wurde im Rahmen der betreuten Diplomarbeit ein System vorgestellt, dass die dargestellten Einschränkungen umgeht [64].

$$\dot{n} = G_{BB}^{\mathrm{o}} + G_{BB}^{\mathrm{th}} + \sum_j (C_j - D_j) - U_{\mathrm{BB}} - U_{\mathrm{Aug}} \qquad (2.21\mathrm{a})$$

$$\dot{p} = G_{BB}^{\mathrm{o}} + G_{BB}^{\mathrm{th}} + \sum_j (F_j - E_j) - U_{\mathrm{BB}} - U_{\mathrm{Aug}} \qquad (2.21\mathrm{b})$$

$$\dot{n}_{\mathrm{T}j} = D_j + E_j - C_j - F_j \qquad (2.21\mathrm{c})$$

Für die Beschreibung der Übergangsraten der einzelnen Prozesse werden bei diesem Ansatz keine Näherungen verwendet. Die Implementierung erfolgte in der allgemeinsten Form. Eine Übergangsrate zwischen zwei Zuständen wird als

$$Quellkonzentration \times Übergangsparameter \times Zielkonzentration \qquad (2.22)$$

geschrieben [6, Kap. 37]. Der Prozess der thermischen Emission eines Elektrons aus einem Defekt zurück ins Leitungsband wird z.B. mit

$$C = n_{\mathrm{T}}(t) \cdot r_{\mathrm{CB}} \exp\left(-\frac{E_{\mathrm{C}} - E_{\mathrm{T}}}{k_B T}\right) \cdot [N_{\mathrm{C}} - n(t)] \qquad (2.23)$$

beschrieben (k_B Boltzmann-Konstante). Mit dem Übergangsparameter $r_{\mathrm{CB}} = \sigma_{\mathrm{n}} v_{\mathrm{th}}$ für diesen Prozess und unter der Näherung niedriger Injektionen ($n \ll N_{\mathrm{C}}$) kann man Gl. 2.23 auch in der gebräuchlicheren Form als

$$C \approx n_{\mathrm{T}}(t) \cdot e_{\mathrm{n}}^{\mathrm{t}} \qquad (2.24)$$

$$e_{\mathrm{n}}^{\mathrm{t}} = \sigma_{\mathrm{n}} v_{\mathrm{th}} N_{\mathrm{C}} \exp\left(-\frac{E_{\mathrm{C}} - E_{\mathrm{T}}}{k_B T}\right)$$

schreiben. Eindeutig ist, dass eine Definition des Prozesses C nach Gl. 2.24 bei hohen Injektionen zu fehlerhaften Vorhersagen führt. Die Prozesse D, E und F werden für jeden Defekt in gleicher Weise wie C definiert. Für jeden der im Modell vorhandenen j Defekte existieren in Gl. 2.21 die zugehörigen Terme C_j, D_j, E_j und F_j sowie eine zusätzliche Gleichung $n_{\mathrm{T}j}$.

Auf einen Term für die SRH-Rekombination wurde in Gl. 2.21 bewusst verzichtet. Das Einführen einer, wie auch immer definierten, Lebensdauer τ in das RGS wird dadurch vermieden. Vielmehr ergibt sich die Lebensdauer aus der Lösung des RGS für bestimm-

2 Physikalische Grundlagen

	E_g [eV]	m_n^* [m_e]	m_p^* [m_e]	B [$cm^{-3}s^{-1}$]	C_n [$cm^6 s^{-1}$]	C_p [$cm^6 s^{-1}$]
Si	1.12	1.18	0.591	$3 \cdot 10^{-14}$	$2.2 \cdot 10^{-31}$	$9.9 \cdot 10^{-32}$
GaAs	1.424	0.067	0.53	$1 \cdot 10^{-10}$	$1.6 \cdot 10^{-29}$	$4.6 \cdot 10^{-29}$

Tabelle 2.1: Halbleiter Parameter für Silizium und GaAs, die für die Simulationsrechnungen in dieser Arbeit verwendet werden.

te Defektsituationen (siehe Abschn. 2.4). Das vorgestellte Gleichungssystem lässt sich in dieser Form nicht mehr analytisch lösen. Es wird daher mit geeigneten numerischen Methoden [29, 10] numerisch gelöst.

2.3.2 Modellierung von Photopuls, Transiente und MDP Signalen

Eine MDP Messung besteht, wie bereits in Abschn. 2.1 ausführlich dargelegt wurde, aus der zeitaufgelösten Messung der (Photo-)Leitfähigkeit $\Delta\sigma$. Dazu wird die Halbleiterprobe, ausgehend vom thermodynamischen Gleichgewicht, für eine gewisse Zeit mit Licht bestrahlt und anschließend die Relaxation zurück ins Gleichgewicht beobachtet. Im Folgenden wird erklärt, wie dieser Messprozess mithilfe des Simulationsprogrammes nachgestellt wird.

Defektmodell Die Grundlage jeglicher Modellierung bildet ein detailliertes Defektmodell für ein bestimmtes Halbleitermaterial. Für ein solches Modell werden ausschließlich mikroskopische Defektparameter verwendet. Für jeden im Modell verwendeten Defekt ist die Angabe der Defektkonzentration (N_T), Energielage des Defektes im Band (E_T), die Einfangsquerschnitte für Elektronen und Löcher (σ_n, σ_p) sowie die Angabe des Besetzungstyps (Donator D^-, Akzeptor A^+) notwendig. Es sei hier noch einmal darauf hingewiesen, dass weder in der Art noch in der Anzahl der im Modell verwendeten Defekte Einschränkungen bestehen.

Für eine realistische Modellierung werden zusätzlich noch grundlegende Parameter des Basismaterials benötigt. Dazu gehören die effektiven Massen der Elektronen und Löcher (m_n^*, m_p^*), der (temperaturabhängige) Bandabstand E_G sowie die Übergangsparameter r_B für die Band-Band Rekombination ([64, Kap. 2]). Um eine korrekte Beschreibung der Auger Rekombination zu gewährleisten ist die Angabe der Auger Koeffizienten C_n und C_p (siehe Gl. 2.14) für das jeweilige Material notwendig.

Dotierung Die Angabe der Dotierung des Materials kann auf zwei verschiedene Arten erfolgen. Es ist zum Einen möglich, die Dotierung durch das Hinzufügen einer geeigneten Menge von Donatoren oder Akzeptoren im Defektmodell festzulegen. Dieses Vorgehen hat den Vorteil, dass die Dotierstoffe in die Modellierung der Defektdynamik mit einbezogen werden. Es hat jedoch den Nachteil, dass man Einfangsquerschnitte und Energielagen für

2.3 Simulationsmodell

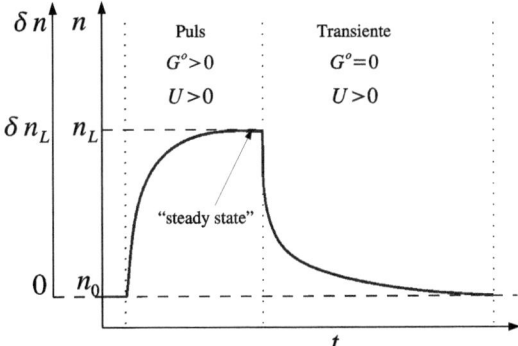

Abbildung 2.6: Photopuls und Transiente bei optischer Anregung am Beispiel der Elektronenkonzentration im Leitungsband. n_0 ist die berechnete Gleichgewichtsbesetzung, n_L die Besetzung im stationären Zustand ($G = U$).

die dotierungsrelevanten Defekte festlegen muss. Dies ist vor allem bei Materialien mit hoher Defektdichte nicht immer einfach möglich.

Als zweite Möglichkeit der Festlegung einer bestimmten Dotierung kann die Zahl der Akzeptoren oder Donatoren im Material gesondert festgelegt werden. Diese Zahl wird dann ausschließlich für die Berechnung der Gleichgewichtsbesetzungen (siehe nächster Abschnitt) mit heran gezogen. Bei den zeitabhängigen Rechnungen werden die Dotierstoffe dann ignoriert. Dies ist in Situationen sinnvoll, bei denen die Dotierstoffe z.B. auf Grund der Temperatur vollständig ionisiert vorliegen und so praktisch für die Dynamik der Umbesetzung der Zustände keine Rolle spielen.

Eine zutreffende Angabe der Dotierung ist insbesondere für die korrekte Modellierung der intrinsischen Prozesse der Auger- und Band-Band-Rekombination notwendig. Für die Berechnung von temperaturabhängigen Prozessen über einen großen Temperaturbereich[3] ist die Angabe der Dotierung als allgemeine Defekte sinnvoll, da nur so eine korrekte Einbeziehung in die Dynamik des Gesamtsystems möglich wird.

Thermodynamisches Gleichgewicht Der erste Schritt des eigentlichen Simulationsvorgangs ist die Berechnung der Gleichgewichtsbesetzung aller Defekt- und Bandzustände im gewählten Defektmodell. Auch hier sind verschiedene Vorgehensweisen implementiert. Da durch das RGS alle thermischen Übergänge korrekt abgebildet werden, kann von einer beliebigen, sinnvollen Startbesetzung aus (bei Abwesenheit aller optischen Generationsterme) durch Lösen des RGS der Gleichgewichtszustand hinreichend genau erreicht

---
[3] Dies sind insbesondere Modellierungen von (MD-)PICTS Messungen und der Temperaturabhängigkeit der Lebensdauer (TDLS).

werden (siehe [64, Kap. 4]). Es hat sich allerdings gezeigt, dass sich in der Praxis durch Minimierung der Gleichung

$$n_0 + \sum_i N_{Ti}^- F(E_{Ti}^+) - p_0 - \sum_j N_{Tj}^+ \left[1 - F(E_{Tj}^+)\right] \longmapsto \min \qquad (2.25)$$

mit einem geeigneten numerischen Verfahren (z.B. [9]) sehr viel Rechenzeit sparen lässt und die Ergebnisse ausreichend genaue Werte liefern. In Gl. 2.25 ist $F(E_T)$ die Fermifunktion. Unter der Voraussetzung, dass ein Material keine Nettoladung trägt und die Temperatur T gegeben ist, ist der einzige freie Parameter in Gl. 2.25 die Fermienergie E_F, welche man durch die Minimierung erhält. Mithilfe von E_F kann dann die Gleichgewichtsbesetzung jedes Zustandes (Defekte und Bänder) berechnet werden [5, Kap. 7].

Eine korrekte Modellierung der Gleichgewichtsbesetzung ist vor allem für die korrekte Berechnung der Gleichgewichtsbeweglichkeit und damit der Gleichgewichtsleitfähigkeit wichtig. Nur dadurch lassen sich z.B. Messergebnisse wie die von GRÜNDIG-WENDROCK untersuchten negativen PICTS-Peaks des EL2 Defektes in GaAs oder negative Photoleitfähigkeiten in Silizium erklären [22, 56].

Photopuls (optische Anregung) Der berechnete Gleichgewichtszustand wird als Startwert für die Berechnung des Photopulses verwendet. Die Beleuchtung wird dabei im RGS durch eine optische Generation $G^o > 0$ modelliert. Das RGS Gl. 2.21 wird für ein bestimmtes G^o numerisch gelöst. Die optische Generation wird im verwendeten Modell als eine mittlere Generationsrate bezogen auf das Probenvolumen ($[G^o] = $ cm^{-3} s^{-1}) beschrieben. Die genaue Berechnung einer im Experiment tatsächlich vorliegenden optischen Generationsrate (im folgenden einfach kurz Generationsrate genannt) kann im Einzelfall sehr aufwändig werden. Eine sehr gute Näherung kann aber durch folgendes vereinfachtes Vorgehen erreicht werden.

An der Oberfläche des Halbleiters existiert in Abhängigkeit der optischen Leistung P_{opt}, der beleuchteten Fläche A_{Spot} und der Photonenenergie des verwendeten Lichtes E_{Photon} der optische Fluss Φ_o (Gl. 2.26).

$$\Phi_o = \frac{P_{opt}}{A_{Spot} \cdot E_{Photon}} \qquad (2.26)$$

In einer gegeben Tiefe x im Material herrscht ein optischer Fluss

$$\Phi(x) = (1 - R)\,\Phi_o\, e^{-\alpha x}\,. \qquad (2.27)$$

In Gl. 2.27 ist α der wellenlängen- und materialabhängige Absorptionskoeffizient des verwendeten Lichtes, R ist der Reflexionskoeffizient der Probenoberfläche. Die örtliche

Generationsrate $G(x)$ ergibt sich dann als

$$G(x) = \alpha \cdot \Phi(x) \ . \tag{2.28}$$

Die für die Simulation benötigte mittlere Generationsrate, bezogen auf eine bestimmte Probendicke d gewinnt man durch Integration von Gl. 2.28 über die gesamte Probendicke

$$\overline{G^o} = \frac{1}{d} \int_0^d G(x)dx \implies \overline{G^o} = \Phi_o (1 - R) \left(1 - e^{-\alpha d}\right) d^{-1} \tag{2.29}$$

und erhält so eine Näherungslösung für $\overline{G^o}$. In dieser Arbeit wird eine solche mittlere Generationsrate, falls nicht anders angegeben, einfach mit G^o bezeichnet. Für die ortsabhängige Modellierung muss ein modifizierter Ansatz gewählt werden, auf den in Abschn. 4.3 näher eingegangen wird.

Für die Berechnung des Photopulses mit konstantem $G^o > 0$ kann die Dauer der Beleuchtung (die Länge des Photopuls) beliebig gewählt werden. Es ist so möglich, bestimmte experimentelle Bedingungen genau zu modellieren. Typischerweise wählt man die Dauer der Beleuchtung in der Simulation (ebenso wie im MDP Experiment) lange genug um einen stationärer Zustand zwischen Generation und Rekombinationsprozessen sicher zu stellen. Es ist weiterhin möglich, statt eines konstanten G^o bestimmte Zeitabhängigkeiten $G^o(t)$ für die Lichtanregung vorzugeben, um z.B. QSSPC Messungen (siehe Abschn. 2.5.2) realistisch modellieren zu können.

Transiente (Relaxation ins Gleichgewicht) Die Lösung für den letzten Zeitschritt der Berechnung des Photopulses wird wiederum als Startwert für die Berechnung der sogenannten Photoleitfähigkeitstransiente oder kurz Transiente genutzt. Die Modellierung erfolgt durch "ausschalten" der optischen Generation ($G^o = 0$) und weiterer numerischer Lösung des RGS. Die Anzahl der Zeitpunkte und der Zeitdauer für die Berechnung der Transiente sind ebenfalls frei wählbar.

Die Ergebnisse einer solchen Berechnung für eine gegebene Temperatur sind die vollständigen zeitabhängigen Verläufe der Besetzungen aller Bänder und Defekte im gewählten Modell. In Abb. 2.6 ist das Prinzip eines solchen Simulationslaufes dargestellt. Für die Modellierung der Temperaturabhängigkeit (PICTS, TDLS) wird die Berechnung für das Defektmodell für jeden erforderlichen Temperaturschritt wiederholt und die Ergebnisse gespeichert.

Die Berechnung der Injektionsabhängigkeit erfolgt durch die Wahl einer geeigneten optischen Generationsrate. Die Injektion Δn kann dann aus den berechneten Verläufen für $n(t)$ und $p(t)$ berechnet werden.

2 Physikalische Grundlagen

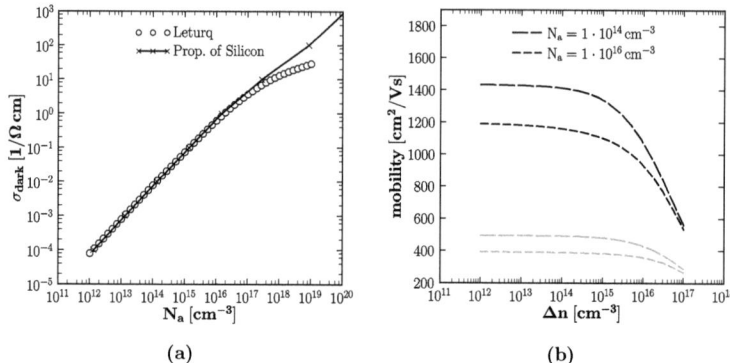

(a)   (b)

Abbildung 2.7: (a) Modellierte Dunkelleitfähigkeit für p-Si (semiempirisches Modell nach [15]) verglichen mit Messwerten (aus [32]). (b) Injektionsabhängigkeit der Beweglichkeit von Elektronen (schwarz) und Löchern (grau) nach dem Modell von Leturcq für verschiedene Dotierungen.

Berechnung der MDP Signale Die direkte Messgröße bei MDP (und auch bei verwandten Messverfahren) ist die Leitfähigkeit σ der Halbleiterprobe (vgl. Abschn. 2.1). Aus diesem Grund muss für eine sinnvolle Modellierung die (zeitabhängige) Leitfähigkeit aus $n(t)$ und $p(t)$ nach Gl. 2.19 berechnet werden. Hierzu benötigt man Werte für die Beweglichkeiten μ_n und μ_p der Elektronen und Löcher. Da es sich bei einer MDP Messung um einen Prozess ausserhalb des Gleichgewichtes handelt, können Hall-Beweglichkeiten nicht zur Berechnung von $\sigma(t)$ herangezogen werden. Im allgemeinen hängt die Beweglichkeit eines Ladungsträgers von vielen Faktoren wie Dotierung, Temperatur und einem evtl. vorhandenen elektrischen Feld ab. Für diese Arbeit und die Anwendungen auf Silizium wurde ein semiempirisches Modell von LETURCQ gewählt [15], was neben den eben genannten Größen auch die Abhängigkeit der Beweglichkeit von der Injektion Δn beschreibt (Gl. 2.30).

$$\mu_{n,p} = f(n_0, p_0, \Delta n, \Delta p, T, N_T) \quad (2.30)$$

Dies ist insbesondere für die korrekte Simulationen von Messungen unter Hochinjektionsbedingungen wichtig, da hier der Prozess der Streuung der Ladungsträger untereinander dominiert und so die Beweglichkeit deutlich reduziert. In Abb. 2.7b ist die Injektionsabhängigkeit der Beweglichkeit der Ladungsträger in p dotiertem Silizium dargestellt. Abb. 2.7a zeigt, dass auch die Dunkelleitfähigkeit durch das Modell bis zu Dotierungen von $N_A \approx 10^{17}$ cm^{-3} sehr gut abgebildet wird. Abb. 2.7b zeigt auch, dass die Verwendung von quasi konstanten, injektionsunabhängigen Beweglichkeiten wie sie z.b. im Bauteile-Simulationsprogramm PC1D verwendet werden [61], nur unter Niedriginjektionsbedingungen gerechtfertigt sind.

In einem realen Halbleiter wird die Beweglichkeit, vor allem bei niedrigen Injektionen und im Gleichgewicht, massgeblich von geladenen Defekten bestimmt. In den allermeisten Fällen ist jedoch weder die Konzentration, noch die Art der Defekte (Donator / Akzeptor, geladen / ungeladen) bekannt, es ist ja gerade das Anliegen von (MDP-) Messungen und entsprechenden Simulationen, mehr Informationen über das Defektinventar eines Materials zu erhalten. Für alle in dieser Arbeit durchgeführten Simulationsrechnungen wird daher angenommen, dass außer den Defekten im jeweiligen Modell[4] keine weiteren Beiträge zur Streuung an geladenen Störstellen existieren. Für die Modellierung von konkreten p-Si Proben bedeutet dies, dass aus dem Widerstand des Materials eine "effektive" Dotierung abgeschätzt wurde, die sowohl die Gleichgewichtsbeweglichkeit als auch die Beweglichkeiten bei niedrigen Injektionen festlegt.

Für die Berechnung verschiedener Größen (Lebensdauer, Photoleitung) aus den Simulationsdaten (siehe nächster Abschnitt) wird in dieser Arbeit immer $\sigma(t)$ verwendet, evtl. Ausnahmen sind gesondert gekennzeichnet.

---

[4]Zu diesen Defekten gehören auch die Dotierstoffe.

2.4 Auswerteverfahren für MDP Signale

Die Fähigkeit der MDP, die komplette Zeitabhängigkeit der Photoleitfähigkeit mit bisher unerreichter Empfindlichkeit zu messen, führt zu neuen Anforderungen an die Auswerteverfahren für die gemessenen MDP Signale. Die hohe Empfindlichkeit der MDP ermöglicht eine Messung der Photoleitfähigkeit $\Delta\sigma$ über mehrer Größenordnungen (siehe Abb. 2.8). Dadurch wird die Möglichkeit eröffnet, relevante Parameter eines Halbleitermaterials aus den gemessenen MDP Signalen zu bestimmen, die bisher nicht mit einem Messverfahren allein zugänglich waren. Bedingt durch die hohe Ortsauflösung können alle im Folgenden beschrieben Techniken als bildgebende Verfahren zur berührungslosen, topografischen Analyse von kompletten Wafern eingesetzt werden. Alle hier beschrieben Techniken werden identisch auf MDP Messungen und Simulationsrechnungen angewendet, um eine bestmögliche Vergleichbarkeit zu gewährleisten. Des Weiteren bietet die Anwendung von verschiedenen Auswerteverfahren auf simulierte (MDP-)Daten die Möglichkeit, die Auswerteverfahren selbst im Detail zu evaluieren.

In den folgenden Abschnitten werden die verschiedenen Verfahren so beschrieben, wie sie am häufigsten in der Praxis angewendet werden. Für spezielle Aufgabenstellungen können immer wieder abgewandelte Formen auftreten, auf diese wird gesondert hingewiesen. Alle verwendeten Verfahren können zusätzlich sowohl auf temperaturabhängige, als auch auf injektionsabhängige MDP Messungen und Simulationsrechnungen angewendet werden. Dadurch ergibt sich eine Vielzahl an Anwendungs- und Auswertungs-Szenarien, deren Grundlagen im Folgenden beschrieben werden.

Das gesamte, per MDP gemessene Photoleitfähigkeitssignal mit Anregunspuls und anschließender Relaxation ins Gleichgewicht wird als MDP Signal bezeichnet. Vereinbarungsgemäß wird mit MDP Transiente oder kurz Transiente nur der Signalanteil für die Relaxation ins Gleichgewicht bezeichnet. Zeitabhängige MDP Messsignale werden durch $s(t)$, aus dem Signal errechnete Ergebnisgrößen mit S_{xy} bezeichnet.

2.4.1 Photoleitfähigkeit (Photopulshöhe)

Abb. 2.8 zeigt ein typisches MDP Messsignal. Die am einfachsten zugängliche und am häufigsten verwendete Größe einer MDP Messung ist die Höhe des Photopulses. Diese Größe wird ermittelt, indem das Licht lange genug eingeschaltet wird, um einen stationären Zustand in der Probe zu erreichen. Die Photopulshöhe S_{pl} ergibt sich als Differenz des MDP Signales im stationären Zustand s_{ss} und des MDP Signales ohne Lichtanregung s_d. Durch entsprechende Regelung von Mikrowellenfrequenz und Ankopplung der Probe (vgl. Abschn. 2.1.1) wird s_d vor jeder Messung minimiert. Aus diesem Grund kann mit S_{pl} prinzipiell nur die Änderung der Photoleitfähigkeit $\Delta\sigma$ erfasst werden.

$$S_{pl} = s_{ss} - s_d \propto \Delta\sigma \qquad (2.31)$$

2.4 Auswerteverfahren für MDP Signale

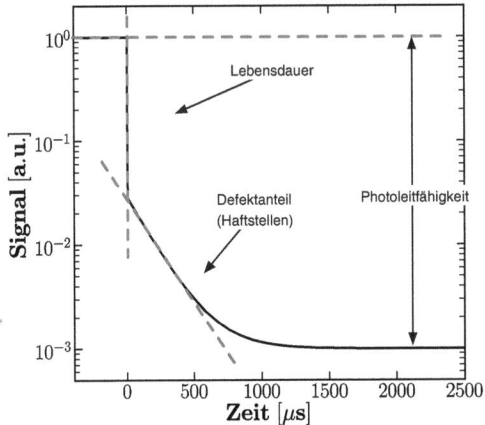

Abbildung 2.8: Detaildarstellung (logarithmisch) eines MDP Signales nach Abschalten des Lichtpulses. Nach dem schnellen Signalabfall der freien Ladungsträgerlebensdauer folgt ein langsamer Anteil (Defektanteil) auf Grund von gefüllten Haftstellen (Traps).

Im allgemeinen wird dieses Verfahren zur Messung von relativen Photopulshöhen eingesetzt, da das MDP Signal als Spannungssignal an einem AD-Wandler detektiert wird und nicht direkt in ein Leitfähigkeitssignal $[\Omega^{-1}\,m^{-1}]$ umgerechnet werden kann. Ein Verfahren, was zu einer Kalibrierung von MDP Apparaturen benutzt werden kann und letztendlich zu einer Messung absoluter Photoleitfähigkeiten in den korrekten Einheiten führt, wurde im Rahmen dieser Arbeit entwickelt und wird in Abschn. 4.1 vorgestellt.

Eine Änderung $\Delta\sigma$ ist in einem einfachen Modell durch

$$\Delta\sigma = \Delta n \cdot (\mu_n + \mu_p) \cdot e = k \cdot S_{pl} \qquad (2.32)$$

gegeben. Gl. 2.32 behält jedoch nur unter der Vorraussetzung $\Delta n = \Delta p$ ihre Gültigkeit. In Abschn. 3.2 wird deswegen ein allgemein anwendbarer Ausdruck entwickelt. In die Photopulshöhe gehen nach Gl. 2.32 sowohl die Beweglichkeiten der generierten Ladungsträger, als auch die bei einer bestimmten Generationsrate G^o erzeugte Anzahl Δn ein. Mithilfe der Definition der Lebensdauer lässt sich Gl. 2.32 umformen

$$\Delta\sigma = \tau\,G^o \cdot (\mu_n + \mu_p) \cdot e = k \cdot S_{pl} \qquad (2.33)$$

und man erkennt, dass die mit MDP gemessene Photopulshöhe proportional zum Produkt aus Lebensdauer und Beweglichkeit der Ladungsträger ($S_{pl} \propto \mu_{n+p} \cdot \tau$) ist. Die

Photopulshöhe hat sich als sehr empfindliche Messgröße für eine (relative) Untersuchung der Homogenität von Halbleiter-Wafern und damit als sehr wertvolles Hilfsmittel zur Prozesskontrolle erwiesen. Die genaue Interpretation von Photopuls-Topogrammen ohne zusätzliche Informationen ist auf Grund der "Vermischung" der beiden wichtigen Halbleiterparameter μ und τ problematisch.

2.4.2 Bestimmung der Lebensdauer

Für die Bestimmung der Ladungsträgerlebensdauer τ aus einer MDP Transiente $s(t)$ existieren verschiedene Möglichkeiten. Alle basieren auf der Annahme, dass $s(t)$ durch einen einfachen exponentiellen Zusammenhang der Form

$$s(t) \propto \Delta n \cdot e^{-t/\tau} \tag{2.34}$$

ausgedrückt werden kann. Wie bereits diskutiert wurde (vgl. Abschn. 2.2), ist dies aber nur in bestimmten Spezialfällen erfüllt. Um trotzdem zumindest eine möglichst gute Näherung für τ aus Messdaten zu erhalten, werden folgende Methoden angewendet:

1. *1/e-Lebensdauer:* Bei diesem Verfahren wird der Zeitpunkt ermittelt, nach dem die Photoleitfähigkeit auf den 1/e-ten Teil der Signalhöhe vor Ausschalten des Lichtes abgesunken ist. Dieser Zeitpunkt entspricht genau τ. Dieses Verfahren ist mit extrem geringem Rechenaufwand verbunden, zeigt jedoch eine Anfälligkeit gegenüber stark verrauschten Messdaten, da nur ein einzelner Datenpunkt aus der gesamten Transiente zur Auswertung benutzt wird.

2. *$1/e^2$-Lebensdauer:* Der Zeitpunkt, bei dem $s(t)$ auf den $1e^2$-ten Teil abgesunken ist, entspricht genau 2τ. Die Berechnung dieses Wertes dient vor allem der Plausibilitätsprüfung der $1/e$ Lebensdauer. Sollte die $1/e^2$ Lebensdauer viel größer als $2 \cdot \tau$ sein, ist dies ein starker Hinweis auf einen großen Defektanteil im Signal (siehe Abb. 2.8).

3. *Lineare Regression:* Falls Gl. 2.34 gilt, ergibt die Auftragung von $\ln(s(t))$ über t nach dem Abschalten des Lichtes eine Gerade. Durch lineare Regression wird τ aus dem Anstieg der Geraden ermittelt. In der Praxis werden dazu einige Datenpunkte nach dem Ausschalten des Lichtes benutzt. Dies führt zu einer geringeren Anfälligkeit des Verfahrens gegen Rauschen.

Alle diese Verfahren werden jedoch durch das Auftreten eines großen Defektanteils im Messsignal "verfälscht". Die gemessenen Lebensdauern werden dadurch scheinbar größer. Wie noch ausführlich dargelegt werden wird, ist die Ursache dieses Defektanteils und damit scheinbar höherer Lebensdauern das zeitweise einfangen ("trapping") von Elektro-

2.4 Auswerteverfahren für MDP Signale

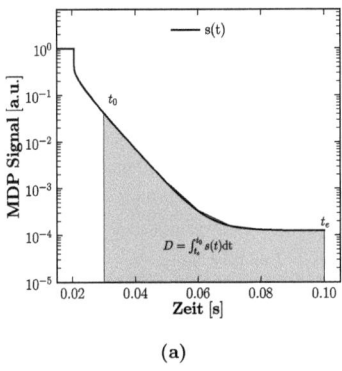 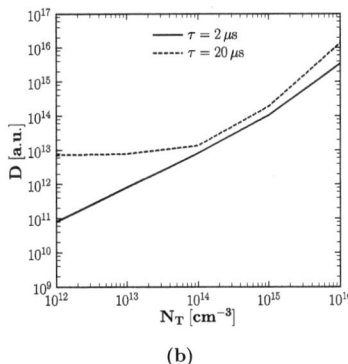

(a) (b)

Abbildung 2.9: (a) Verfahren zur Bestimmung des integralen Defektanteils D aus einer Photoleitfähigkeitstransiente $s(t)$. (b) Korrelation zwischen vorgegeben N_T und errechnetem D für verschiedene τ_{bulk} bei $G^\circ = 10^{19}$ cm^{-3} s^{-1}.

nen. Klarheit darüber, ob ein gemessenes τ durch den Einfluss von Traps verfälscht ist, können nur injektionsabhängige Messungen von τ liefern.

In dieser Arbeit wird die Bezeichnung einer "effektiven Lebensdauer" τ_{eff} für die nach den genannten Verfahren aus MDP Messungen oder aus simulierten $\sigma(t)$ Verläufen bestimmten Lebensdauern benutzt.

2.4.3 Auswertung des Defektanteils

Aus dem in Abb. 2.8 gezeigten Defektanteil können zusätzliche Informationen über Defekte im Material gewonnen werden. Ursache dieses Defektanteils ist die zeitweise Speicherung von Elektronen in Haftstellen bzw. deren langsame, thermische Entleerung zurück in das Leitungsband. Es kann sowohl die Zeitabhängigkeit als auch der integrale Defektanteil untersucht werden. Bei der temperaturabhängigen Messung der Photoleitfähigkeit werden die Leitfähigkeitssignale mit der aus DLTS Messungen bekannten "Zwei-Tor-Technik" (double gate technique) ausgewertet um aus den Signalen sogenannte PICTS-Spektren zu generieren [1]. Die "Zwei-Tor-Technik" und die Methode der PICTS Auswertung wurde in der Literatur bereits vielfach detailliert diskutiert [86, 54, 22] und wird daher hier nicht behandelt.

Der Defektanteil wird bei ortsaufgelösten Messungen als ein relatives Maß für die Haftstellen-Konzentration N_T benutzt. Man erhält aus einem MDP Signal eine Größe D durch (numerische) Integration des MDP Messsignals $s(t)$ ab einem bestimmten Zeitpunkt t_0 bis zum Ende des Signals (Abb. 2.9a).

$$D = \int_{t_0}^{t_e} s(t)\,dt \qquad (2.35)$$

Auch bei diesem Verfahren ist die Separation von Lebensdauer und Defektanteil z.T. problematisch. Es hat sich als günstig erwiesen, für den Startpunkt t_0 der Integration die dreifache Lebensdauer ($t_0 \approx 3\,\tau$) zu wählen. Besonders bei Materialien mit hohen oder lokal unterschiedlichen Lebensdauern (z.B. hochreines Silizium mit $\tau \gtrsim 1$ ms) können Variationen in τ die Ermittlung von D verfälschen. Für eine sinnvolle Auswertung des Defektanteils werden bei solchen Materialen sehr lange Transienten benötigt.

Abb. 2.9b illustriert diesen Sachverhalt. Aus Simulationsdaten für Defektmodelle mit unterschiedlicher Volumenlebensdauer wurden jeweils die Größe D in Abhängigkeit der Haftstellenkonzentration N_T unter sonst identischen Randbedingungen berechnet. Für eine kleine Volumenlebensdauer korreliert D über einen weiten Bereich mit der Defektkonzentration. Vergrößert sich jedoch die Lebensdauer signifikant, werden, ohne eine Anpassung des Parameters t_0 niedrige N_T nicht mehr detektiert. Bei ausreichend gutem Signal-Rausch-Verhältnis kann dies durch Vergrößerung von t_0 kompensiert werden. Weiterhin hängt der Wert von D neben der Konzentration noch von der Energielage und dem Einfangsquerschnitt der jeweiligen Haftstellen ab. Das Verfahren eignet sich jedoch sehr gut, um sehr empfindlich relative Veränderungen in der Verteilung von Haftstellen im Sinne einer Topografie sichtbar zu machen.

2.4.4 Inverse Laplace Transformation (ILT)

In den vorangegangenen Abschnitten wurde bereits deutlich, dass ein wesentliches Problem bei der Auswertung von MDP Transienten in der Vermischung von Trap-beeinflussten Signalanteilen (thermische Reemission) mit Lebensdauer Signalen (Rekombination) liegt. Daraus ergibt sich die Aufgabenstellung, diese Signalanteile vor allem in der praktischen Anwendung möglichst gut unterscheiden zu können. Zur Lösung von ähnlichen Problemstellungen wird das Verfahren der inversen Laplace Transformation (ILT) verwendet [18, 34]. Dieses Verfahren wird in dieser Arbeit erstmalig für die Auswertung von MDP Transienten und damit auch für die Bestimmung der Ladungsträgerlebensdauer eingesetzt.

Bei der ILT wird davon ausgegangen, dass sich das zu analysierende Signal durch eine diskrete Summe exponentieller Signalanteile beschreiben lässt Gl. 2.36. Diese Anteile können die verschiedenen Rekombinationsprozesse oder die Reemission von Ladungs-

2.4 Auswerteverfahren für MDP Signale

trägern aus Trap-Zuständen sein.

$$s(t) = \sum_{i=1}^{N} s_0^i \, e^{-t/\tau_i} \quad (2.36)$$

Man bezeichnet in diesem Zusammenhang die für den Signalverlauf verantwortlichen τ_i als Relaxationszeitkonstanten. Im allgemeinen ist weder die Anzahl N der im Signal enthaltenen Relaxationszeitkonstanten, noch deren Vorfaktor s_0 bekannt. Durch Festlegung einer Ober- und Untergrenze für die zu erwartenden Werte für τ_i ist es möglich, das Problem als lineares Gleichungssystem zu formulieren.

$$\|\mathbf{K}\mathbf{x} - \mathbf{s}\|^2 \longmapsto \min \quad (2.37)$$

In Gl. 2.37 sind in $\mathbf{s} = (s_1, s_2, ..., s_M)$ die (diskreten) Messwerte für eine MDP Transiente als Spaltenvektor gespeichert. Die Matrix $\mathbf{K}$ wird wie folgt definiert:

$$\mathbf{K} = \begin{bmatrix} \alpha_{1,1} & \alpha_{2,1} & \cdots & \alpha_{N,1} \\ \alpha_{1,2} & \ddots & & \vdots \\ \vdots & & \ddots & \vdots \\ \alpha_{1,M} & \alpha_{2,M} & \cdots & \alpha_{N,M} \end{bmatrix} \quad (2.38)$$

Für die Elemente $\alpha_{N,M}$ von $\mathbf{K}$ werden Werte vorgegeben, die mit $\alpha_{N,M} = e^{-t_M/\tau_N}$ angesetzt werden. $\mathbf{K}$ hat dann die Form eines integralen Laplace Operators [55] und das ursprünglich nichtlineare Ausgleichsproblem ist in ein lineares überführt worden. Die Matrix $\mathbf{K}$ enthält somit N "hypothetische" exponentielle Signale.

Das Gleichungssystem Gl. 2.37 ist überbestimmt und muss mit entsprechenden mathematischen Verfahren gelöst werden. Als Lösung erhält man den gesuchten Vektor $\mathbf{x}$, der für jedes in $\mathbf{K}$ aufgenommene τ_N den zugehörigen Vorfaktor s_0^N enthält. Taucht eine bestimmte Zeitkonstante im Signal nicht auf, so ist der entsprechende Faktor null. Die Darstellung aller Vorfaktoren zu allen Relaxationszeitkonstanten wird als Relaxationszeitenspektrum bezeichnet (Abb. 2.9b). Aus einem solchen Spektrum sind direkt die Zeitkonstanten ablesbar, aus denen das Signal $s(t)$ zusammengesetzt ist.

Auf Grund der Form des Operators $\mathbf{K}$ handelt es sich bei Gl. 2.37 jedoch um ein sogenanntes schlecht gestelltes, inverses Problem, dessen Lösung i.a. nicht stabil ist [39]. Mithilfe des mathematischen Verfahrens der Tikhonov Regularisierung ist es möglich, zu numerisch stabilen Lösungen zu gelangen [39, Kap. 5]. Das Gleichungssystem 2.37 wird bei diesem Verfahren durch das modifizierte System

$$\|\mathbf{K}\mathbf{x} - \mathbf{s}\|_1^2 + \gamma^2 \|\mathbf{x}\|_2^2 \longmapsto \min \quad (2.39)$$

2 Physikalische Grundlagen

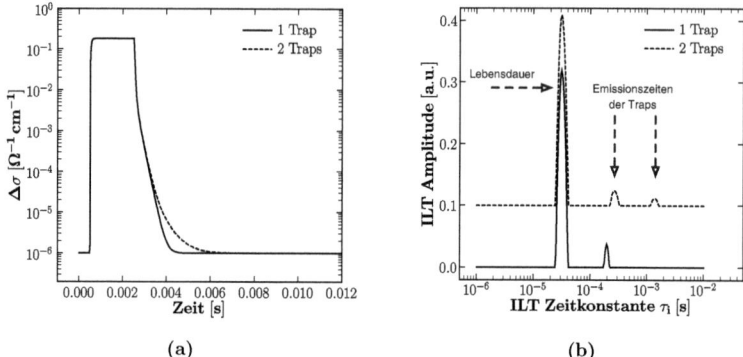

Abbildung 2.10: (a) Theoretischer MDP Signalverlauf für ein Defektsystem aus einem Rekombinationszentrum und ein bzw. zwei Trap-Zentren in p-dotiertem Si. (b) Spektren der Relaxationszeiten τ_i die mit inverser Laplace Transformation berechnet wurden.

ersetzt. Der Regularisierungsfaktor γ wird gerade so groß gewählt, das eine stabile Lösung von Gl. 2.39 ermöglicht wird. Für die konkrete Anwendung des Verfahrens auf die bei MDP anfallenden Messdaten wurde ein Computerprogramm entwickelt, das die entsprechenden Algorithmen implementiert und auf dem Computerprogramm FTIKREG [58] basiert, welches bereits erfolgreich auf ähnliche Problemstellungen bei DLTS Messungen (Laplace-DLTS) angewendet [14] wird.

Die Anwendung des Verfahrens wird in Abb. 2.10 demonstriert. Aus (simulierten) MDP Daten die sich in der Anzahl der Trap-Zustände unterscheiden (Abb. 2.9a), wurden die zugehörigen ILT-Spektren (ILTS) (Abb. 2.9b) berechnet. Man erhält aus einem ILT Spektrum verschiedene Informationen. Zum einen lässt sich die Anzahl der am Signal beteiligten exponentiellen Anteile aus der Anzahl der ILTS-Peaks ablesen. Zum anderen können die entsprechenden Zeitkonstanten selbst aus der Lage der Peakmaxima bestimmt werden. Zusätzlich geben die Amplituden der einzelnen Peaks den Vorfaktor des exponentiellen Anteils und damit seine Wichtung im Signalverlauf wieder.

Im Gegensatz zu Anwendungen des Verfahrens auf PICTS-Messungen an direkten Halbleitern [55] oder auf DLTS-Messungen [14] werden ILT Spektren anders interpretiert. Die hohe Zeitauflösung der MDP ermöglicht (z.B. an Silizium) eine direkte Messung der Lebensdauer. Aus diesem Grund wird der erste im ILT Spektrum auftretende Peak und damit die schnellste Zeitkonstante mit der Lebensdauer assoziiert. Alle weiteren Peaks werden der thermischen Reemission aus Trap-Zuständen zugeordnet.

Durch den diskreten Charakter des Verfahrens ist die Genauigkeit der Bestimmung der Zeitkonstanten prinzipiell beschränkt und durch die Wahl der Anzahl N und den

Bereich $[\tau_{min} \ldots \tau_{max}]$ der Zeitkonstanten vorgegeben. Außerdem steigt der Berechnungsaufwand und der Bedarf an Speicherplatz für die Lösung von Gl. 2.39 mit N^3, was bei der Wahl von zu vielen Zeitkonstanten zu sehr langen Berechnungszeiten führt. Dies ist nachteilig, wenn z.b. die Signale eines kompletten MDP-Topogrammes mit dem Verfahren ausgewertet werden sollen. In der Praxis hat sich gezeigt, dass auch moderate Werte für $N = 128\ldots 256$ zu gut aufgelösten ILT Spektren führen. Die Berechnung eines ILT Spektrums aus einem MDP Signal ist dann mit aktueller Rechnertechnik in einigen Millisekunden möglich. Über einen geeigneten Algorithmus können dann automatisch die ILT-Zeitkonstanten aus den Peakmaxima bestimmt werden. Die Anwendung auf MDP-Messdaten von verschiedenen ec-Si Wafern und auf Lebensdauermessungen an multikristallinen Blöcken aus der Solarindustrie werden in Abschn. 3.3 und Abschn. 4.3 gezeigt.

Das Verfahren der inversen Laplace Transformation liefert eine qualitativ deutlich bessere Lösung für das Problem der Extraktion der verschiedenen Zeitkonstanten aus einem exponentiellen Signalverlauf als vergleichbare Methoden (lineare Regression, 1/e Signalabfall, "Zwei-Tor-Technik"). Man erhält mit einer einzigen Rechenvorschrift detaillierte Informationen über den Zeitverlauf des Signales. Es sei jedoch hier noch einmal ausdrücklich darauf hingewiesen, dass es sich bei der Auswertung von multi-exponentiellen Signalen um ein inverses Problem handelt und daher prinzipiell immer nur Näherungslösungen möglich sind. Als numerisches Rechenverfahren liefert der ILT-Algorithmus immer "Lösungen", auch wenn z.b. aus physikalischen Gründen im Signal nicht-exponentielle Anteile vorhanden sind. Die Resultate einer ILT Berechnung (und der anderen Auswerteverfahren) sind in solchen Fällen stets kritisch zu hinterfragen.

2.4.5 Topogramm Beispiele

In Abb. 2.11 werden am Beispiel eines 300 mm Silizium Wafers die in den vorangegangen Abschnitten behandelten Auswerteverfahren demonstriert. Für das Erstellen der in den Abbildungen gezeigten Topogramme wurden ortsaufgelöste MDP Messungen mit den angegebenen Parametern vorgenommen. Der untersuchte Wafer weist keinerlei optische Beschädigungen oder sonstige Verunreinigungen auf. Bei den dargestellten Kontrastverläufen handelt es sich um Variationen der elektrischen Eigenschaften des Materials. Die ermittelten Lebensdauern liegen im Bereich von $10\ldots 30\,\mu s$. Für die Berechnung der Defektdichtetopogramme wurde nur die Signalteile mit $t > 200\,\mu s$ nach Abschalten des Lichtes benutzt. Aus Übersichtsgründen wird in Abb. 2.11d nur ein Ausschnitt aus dem kompletten Signalverlauf gezeigt.

Die Abbildungen zeigen die Leistungsfähigkeit der entwickelten Apparatur und demonstrieren die Anwendung des Verfahrens für die kontaktlose und zerstörungsfreie Untersuchung sehr großer Proben aus dem industriellen Umfeld. Eine detaillierte Diskussion der hier gezeigten Topogramme erfolgt in Abschn. 3.2.

2.5 Andere kontaktlose Messverfahren

Ein wesentlicher Bestandteil dieser Arbeit ist der detaillierte Vergleich der MDP Methode mit anderen etablierten, kontaktlosen Messmethoden. Insbesondere wird in Abschn. 3.3 ein direkter Vergleich von QSSPC, μ-PCD und MDP sowohl aus theoretischer als auch aus praktischer Sicht durch Messungen an verschiedenen p-Si Proben vorgenommen.

Die genannten Methoden werden alle in der Praxis vorrangig zum Zweck der Lebensdauerbestimmung aus Photoleitfähigkeitsmessungen eingesetzt. Sie beruhen auf unterschiedlichen physikalischen Detektionskonzepten und arbeiten apparaturbedingt z.T. mit sehr unterschiedlichen Anregungsbedingungen. Im folgenden Abschnitt werden daher die für diesen Zweck relevanten Grundlagen der Verfahren dargestellt und prinzipielle Unterschiede zur MDP herausgearbeitet.

2.5.1 Microwave Photoconductance Decay (μ-PCD)

μ-PCD ist die am weitesten verbreitete Methode zur kontaktlosen Messung der Lebensdauer an Silizium. Die Methode wurde aber ebenfalls erfolgreich für Untersuchungen an anderen Halbleitermaterialien wie z.B. SiC eingesetzt [53, 35].

Das Messverfahren basiert auf der Messung der Reflexion von Mikrowellen an einer Halbleiterprobe. Es arbeitet ortsaufgelöst (Auflösung ca. 1 mm) und ist in der Lage, große Proben (300 mm Wafer) zu verarbeiten. Durch Bestrahlung der Halbleiterprobe mit einem Laserimpuls ($\lambda = 904$ nm) werden in der Probe Überschussladungsträger erzeugt. Die daraus resultierende Leitfähigkeitsänderung der Probe führt zu einer Veränderung des Mikrowellenreflexionskoeffizienten der Probe. Die an der Probe reflektierte Mikrowellenleistung wird zeitaufgelöst detektiert. Die Lebensdauer wird anschließend nach der Methode des 1/e Signalabfalls bestimmt. Dazu werden typischerweise nur wenige Mikrosekunden des μ-PCD Signales nach dem Laserpuls verwendet. Der Anregungsverlauf und ein μ-PCD Messsignal sind in Abb. 2.12b schematisch dargestellt.

Die Unterschiede zur MDP liegen vor allem in der schlechten Nachweisempfindlichkeit für Mikrowellen und in den verwendeten extrem kurzen Laserpulsen. Da es sich bei μ-PCD um Messungen der Reflexion handelt, ist naturgemäss die Nachweisempfindlichkeit vor allem bei hochdotiertem Material vergleichsweise schlecht, da der Reflexionskoeffizient dann nur noch wenig kleiner als 1 ist. Eine sinnvolle Detektion und Auswertung eines Defektanteils wie bei MDP ist mit dieser Methode i.a. nicht möglich. Die Pulsdauer des Anregungslichtes beträgt typischerweise 200 ns, was sehr kurz im Vergleich zu typischen Anregungszeiten bei MDP ist ($1...1000\,\mu s$). Um trotz der schlechten Nachweisempfindlichkeit auswertbare Signale zu erhalten, wird mit sehr hohen Laserleistungen gearbeitet. Typischerweise liegen die verwendeten Generationsraten während des Laserpulses bei ca. $G^0 \approx 10^{23}\,\text{cm}^{-3}\,\text{s}^{-1}$. Durch die Verwendung des kurzen, intensiven Laserpulses befindet sich die untersuchte Probe bei μ-PCD im Gegensatz zur MDP zu keinem Zeitpunkt in einem stationären Zustand.

Injektionsabhängige Messungen der Lebensdauer werden meist durch die Verwendung eines konstanten Untergrundlichtes realisiert. Dazu wird über eine geeignete Optik z.B. das Licht einer leistungsstarken Halogenlampe auf die Probe konzentriert und zusätzlich zu diesem sogenannten "Bias"-Licht mithilfe des Laserpulses die Lebensdauer gemessen. Durch Variation des Biaslichtes ist eine gewisse Variation der Grundinjektion möglich. Niedriginjektionsmessungen ($\Delta n < 10^{13}$ cm^{-3}) sind mit dieser Methode nicht realisierbar. Meist wird das Biaslicht zur Vermeidung von (für dieses Messverfahren) "störenden" Trapping-Effekten verwendet [67].

2.5.2 Quasi Steady State Photoconductivity (QSSPC)

Die QSSPC Methode hat in den letzten Jahren verstärkt in der Forschung und in der industriellen Anwendung Einzug gehalten. Sie wird dabei häufig bei der Untersuchung von multikristallinem Silizium für die Solarzellenproduktion eingesetzt [79]. Auch dieses Verfahren ist im Prinzip für die Anwendung auf andere Halbleitermaterialien geeignet [13].

Für die QSSPC Messungen wird ein grundlegend anderer Ansatz als für MDP oder μ-PCD Experimente gewählt. Die Leitfähigkeit einer Probe wird durch die Dämpfung eines induktiv gekoppelten, kalibrierten Hochfrequenzschwingkreises ($\omega_0 \approx 10$ MHz) detektiert. Durch Bestrahlung mit einer Blitz-Lampe werden in der Probe Überschussladungsträger generiert und es wird die Zeitabhängigkeit die Abklingkurve der Photoleitfähigkeit gemessen (siehe Abb. 2.12a). Der Hauptunterschied der QSSPC gegenüber der MDP liegt im Zeitverlauf der Lichtanregung. Bei QSSPC wird das Licht sehr "langsam" ausgeschaltet, d.h. die Zeitkonstante der Abklingkurve des Lichtes ist groß gegenüber der Lebensdauer im untersuchten Material ($\tau_{\text{Licht}} \gg \tau_{\text{bulk}}$). τ_{Licht} liegt im Bereich von einigen Millisekunden. Aus diesem Grund befindet sich die Probe zu jedem Zeitpunkt während einer QSSPC Messung in einem stationären Zustand. Die Lichtquelle selbst emittiert ein gesamtes Lichtspektrum, welches insbesondere für den Einsatz in der Solarindustrie dem natürlichen Sonnenspektrum ähnelt.

Für die Auswertung einer QSSPC Messung werden die einzelnen Punkte auf der so aufgenommenen Leitfähigkeitskurve herangezogen. Durch die Bedingung des stationären Zustandes wird für jeden Punkt $\Delta\sigma$ auf der Kurve die Gültigkeit der Gleichung

$$\Delta\sigma(t) = \tau G^0 (\mu_{\text{n}} + \mu_{\text{p}}) \cdot e \implies \tau G^0 = \Delta n \quad (2.40)$$

vorausgesetzt [51]. Zur Berechnung von τ aus den Messdaten wird nur die Amplitude, nicht jedoch die Zeitabhängigkeit von $\Delta\sigma$ heran gezogen. Die optische Generationsrate $G^0(t)$ wird durch den Einsatz einer kalibrierten Solarzelle bei jeder Messung mit be-

2.5 Andere kontaktlose Messverfahren

stimmt. Gl. 2.40 lässt sich dann nach τ umstellen. Man benötigt zur Berechnung der Lebensdauer nun noch Werte für die Beweglichkeiten μ_n und μ_p. Diese werden als bekannt vorausgesetzt und entsprechenden Modellen entnommen [15, 62]. Man erhält so für jeden gemessenen Wert von $\Delta\sigma$ eine zugehörige Lebensdauer τ.

Ein Vorteil der QSSPC Methode ist es, dass durch den Einsatz einer quasi stationären Beleuchtung die Injektionsabhängigkeit mit einer einzigen Messung erfasst werden kann. Durch den gewählten Ansatz ergeben sich aber auch einige grundlegende Nachteile. Zum einen ist die erreichbare Ortsauflösung durch die verwendeten Lichtquellen (Blitzlampe) im Vergleich zur MDP sehr gering. Zum anderen sind die für die Auswertung der Messungen getroffenen Annahmen in der Praxis kritisch zu hinterfragen. Gl. 2.40 gilt streng nur bei Messbedingungen, unter denen Trapping-Effekte keine Rolle spielen ($\Delta n = \Delta p$). Für den Fall des Auftretens von Trap-Zuständen müssen komplexere Modelle zur Auswertung heran gezogen werden [44]. Des Weiteren ist die Annahme einer bekannten, konstanten Beweglichkeit in vielen Fällen nicht gerechtfertigt. Gerade bei Materialien, deren Defektgehalt es erst noch zu untersuchen gilt, ist eine solche Annahme unbegründet. Wie bereits in Abschn. 2.3.2 erläutert wurde, ist gerade bei den technologisch relevanten Messungen im Niedriginjektionsbereich eine genaue Modellierung der Beweglichkeiten schwierig.

Die Vorraussetzung eines (realistischen) Beweglichkeitsmodelles schränkt die praktische Anwendbarkeit der QSSPC ein. Für viele neue und interessante Substanzklassen (z.B. SiC) existieren keine verwendbaren Beweglichkeitsmodelle. Daten über die Hall-Beweglichkeit lassen sich für die Auswertung von QSSPC Messungen nur eingeschränkt benutzten, da QSSPC nicht im thermodynamischen Gleichgewicht arbeitet.

2 Physikalische Grundlagen

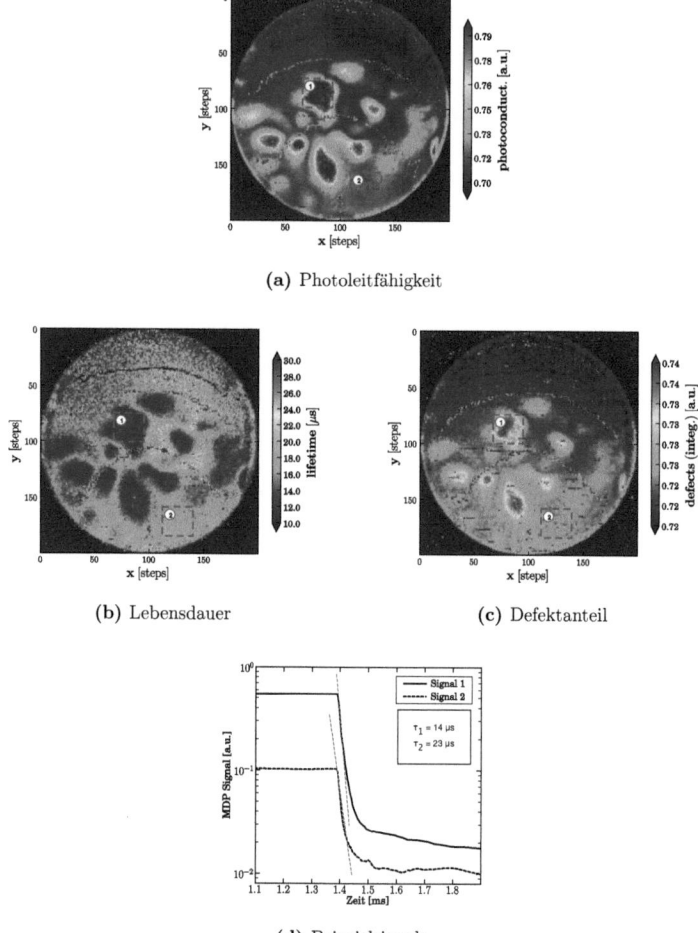

(a) Photoleitfähigkeit

(b) Lebensdauer

(c) Defektanteil

(d) Beispielsignale

Abbildung 2.11: Typische MDP Topogramme (Photoleitfähigkeit, Lebensdauer und Defektanteil) am Beispiel eines 300 mm, 10 Ωcm p-dotierten ec-Si Wafers (Oberflächenpassivierung: thermisches Oxid). Als Anregungsquelle wurde ein roter Laser $\lambda = 657\,\mathrm{nm}$ mit einer optischen Leistung von $P_{opt} = 1\,\mathrm{mW}$ und einem Spotdurchmesser von 1 mm verwendet.
(d) zeigt Ausschnitte aus typischen, gemessenen MDP Transienten der in den Topogrammen gekennzeichneten Bereiche.

2.5 Andere kontaktlose Messverfahren

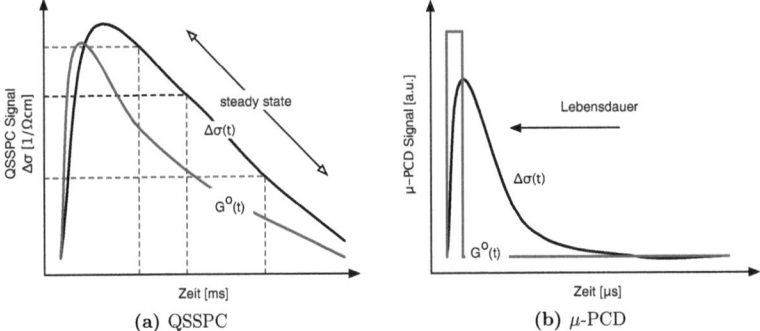

(a) QSSPC (b) μ-PCD

Abbildung 2.12: (a) Prinzipieller Ablauf einer QSSPC Messung. (b) Schematische Darstellung einer μ-PCD Messung zur Bestimmung der Ladungsträgerlebensdauer.

2 Physikalische Grundlagen

3 Lebensdauermessung und Defektanalyse

Im vorangegangen Kapitel wurden sowohl die theoretischen Grundlagen der MDP Methode, als auch die grundlegenden Ideen bei der Realisierung des Simulationsprogrammes für Lebensdauer und PICTS Messungen beschrieben. Ein Ziel dieser Arbeit ist es, neben eines besseren qualitativen Verständnisses der gemessenen MDP Signale, die Grundlagen für eine quantitative Auswertung entsprechender Messungen zu erarbeiten und diese an ausgewählten Beispielen zu demonstrieren. Die Modellierungen von Defektsystemen zur Vorhersage der Besetzungsdynamik der Störstellen und letztlich der daraus resultierenden Photoleitungssignale stellen unverzichtbare Werkzeuge dafür dar.

Im Gegensatz zu bereits geleisteten Untersuchungen liegt der Schwerpunkt dieser Arbeit auf der Realisierung, Anwendung und Interpretation von MDP Experimenten bei Variation der Intensität des Anregungslichtes. Wie in den folgenden Abschnitten gezeigt werden wird, bilden solche Untersuchungen zur Injektionsabhängigkeit von Photoleitfähigkeit und Lebensdauer die Grundlage für die quantitative Auswertung von MDP Messungen. Im Anschluss an die Diskussion der grundlegende Mechanismen bei Lebensdaueruntersuchungen wird in Abschn. 3.1 mithilfe des entwickelten Simulationsprogrammes die injektionsabhängige Lebensdauer für Defektsysteme mit verschiedenen Rekombinationszentren unter typischen MDP Messbedingungen untersucht und ein Verfahren zur Bestimmung von Rekombinationsparametern demonstriert. Der Schwerpunkt bei den vorgestellten Anwendungen liegt auf p-dotiertem Silizium. Dies ist zum einen auf die besondere technologische Relevanz dieses Halbleitermaterials zurück zu führen, zum anderen werden mit diesem Material im Rahmen aktueller Forschungsprojekte eine Vielzahl von MDP Untersuchungen durchgeführt.

Insbesondere die Ergebnisse der Lebensdauermessungen bei niedrigen optischen Anregungsintensitäten lassen sich mit einfachen Modellvorstellungen nicht erklären. In Abschn. 3.2 wird daher detailliert der in der Praxis stets vorhandene Einfluss von Haftstellen auf MDP Signale analysiert. Neben rein numerischen Modellierungen wird in diesem Abschnitt unter Verwendung entsprechender Näherungslösungen ein analytisch handhabbares Modell für Elektronenhaftstellen entwickelt. Mit diesem Modell ist es erstmals möglich, die experimentellen Ergebnisse bei sehr geringen optischen Generationsraten an p-dotiertem Silizium, aber genauso das Auftreten sogenannter "negativer" PICTS Signale an SI-GaAs mit einem Modell zu erklären.

Ein detaillierter Vergleich der MDP mit den wichtigsten konkurrierenden kontaktlosen

3 Lebensdauermessung und Defektanalyse

Messmethoden QSSPC und μ-PCD wird in Abschn. 3.3 vorgenommen, bei dem, aufbauend auf den Ergebnissen der vorherigen Untersuchungen, der Einfluss verschiedener typischer Defektmodelle auf die Messverfahren untersucht wird. Eine weitere technologisch relevante Anwendung stellt der Eisennachweis in Silizium dar. Hierzu wird gezeigt, dass mithilfe der Simulationsrechnungen die notwendigen Kalibrierfaktoren berechnet werden können. Sowohl der Einfluss verschiedener Dotierungen und Injektionen als auch der Einfluss von zusätzlichen Haftstellen auf den Eisennachweis wird diskutiert. Basierend auf den gewonnenen Erkenntnissen wird die Anwendung der Methodik zur quantitativen Analyse von verschiedenen Siliziumproben mittels MDP vorgestellt.

3.1 Modellierung und Analyse einfacher Defektmodelle

Untersucht man die Ladungsträgerlebensdauer verschiedener kristalliner Siliziumproben mit MDP, so fällt auf, dass die gemessenen effektiven Lebensdauern selbst bei hochwertigen Proben Werte von einigen hundert Mikrosekunden nicht überschreiten. Selbst hochwertigste Wafer, die nach dem Float-Zone Verfahren hergestellt wurden, zeigen keine höheren Werte. Float-Zone Silizium gilt als das Halbleitermaterial, das die geringsten Konzentrationen an Verunreinigungen enthält.

In Abb. 3.1 sind die Ergebnisse der Untersuchung der injektionsabhängigen Lebensdauer an einem Float-Zone Wafer gezeigt. Zusätzlich ist in der Abbildung noch die berechnete intrinsische Lebensdauer von Silizium dargestellt. Die gemessenen Lebensdauern sind bei kleinen Injektionen um beinahe drei Größenordnungen niedriger, als es in einem perfekten Siliziumkristall möglich wäre. Bei höheren Injektionen ($\Delta n > 10^{16}\,\text{cm}^{-3}$) kommt dagegen die gemessene Lebensdauer des Float-Zone Wafers dem theoretischen Auger-Limit recht nahe. Abb. 3.1 zeigt außerdem noch die berechnete Lebensdauer für Silizium, das mit einer Konzentration von $1 \cdot 10^9\,\text{cm}^{-3}$ Chrom verunreinigt ist. Das heißt, dass im Mittel nur jedes 10^{14}-te Silizium Atom im Kristall durch ein Chrom Atom ersetzt wurde, doch selbst solche geringen Mengen elektrisch aktiver Defekte verringern die Lebensdauer mehr als den Faktor 10! Dies demonstriert noch einmal die extrem hohe Empfindlichkeit, die durch eine Untersuchung der Ladungsträgerlebensdauer erreichbar ist. Bei solchen Betrachtungen darf nicht vergessen werden darauf hinzuweisen, dass infolge der Rekombination an der Halbleiteroberfläche Volumenlebensdauern die größer als 1 ms sind bei den heute üblichen Waferdicken von einigen hundert Mikrometern nicht messbar sind. Letztendlich handelt es sich bei der Oberflächenrekombination aber auch um einen Rekombinationsprozess, der über Defekte abläuft und da die technologische Entwicklung zu immer dünneren Wafern führt, ist anzunehmen, dass zukünftig Untersuchungen von Oberflächendefekten stärker im Mittelpunkt stehen werden.

Festzuhalten bleibt, dass die Untersuchung der injektionsabhängigen Lebensdauer ein extrem empfindliches Werkzeug für die Untersuchung elektrisch aktiver Defekte in einem Halbleiter darstellt, unabhängig davon, ob diese im Volumen oder an der Oberfläche des Halbleiters lokalisiert sind. Weiterhin lassen sich aus den Details des Verlaufes der injektionsabhängigen Lebensdauer Rückschlüsse auf verschiedene elektrische Parameter der Rekombinationszentren ziehen. Es soll an dieser Stelle noch darauf hingewiesen werden, dass die im Folgenden präsentierten Berechnungen und Messungen zwar an Silizium durchgeführt wurden, die Methodik aber keineswegs auf dieses Halbleitermaterial beschränkt ist. Die ständige Weiterentwicklung ermöglicht jetzt schon Lebensdauermessungen an *SiC* oder bestimmten *GaAs* Schichtstrukturen, so dass in naher Zukunft auch bei diesen Materialien ein messtechnischer Zugang zur Lebensdauer möglich sein wird.

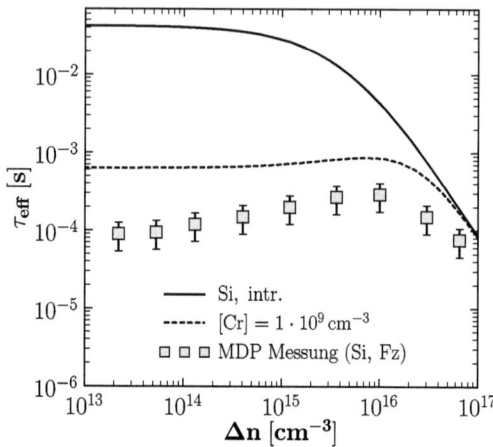

Abbildung 3.1: Berechnete Volumenlebensdauern von p-dotiertem Silizium ohne Defekte und bei einer Verunreinigung mit $1 \cdot 10^9\,\text{cm}^{-3}$ Chrom. Dargestellt sind außerdem die Ergebnisse von MDP Lebensdauermessungen an einem hochwertigen oberflächenpassivierten Silizium Wafer, der nach dem Float-Zone Verfahren hergestellt wurde.

3.1.1 Rekombinationszentren und ihr Einfluss auf die effektive Lebensdauer

Mithilfe von einfachen Defektmodellen wurde der zu erwartende Verlauf der Injektionsabhängigkeit der Lebensdauer für mehrere typische Rekombinationszentren in p-dotiertem Silizium modelliert. Dazu wurden entsprechende Defektmodelle erstellt und mit dem Simulationsprogramm die zeitabhängigen Konzentrationen der Elektronen $n(t)$ und Löcher $p(t)$ in den Bändern für verschiedene optische Generationsraten G^0 berechnet. Nach der Berechnung von $\sigma(t)$ wurde τ mit der Methode der linearen Regression bestimmt.

Der Wert für die Injektion Δn zu jeder vorgegeben optischen Generationsrate wird aus den Werten von $n(t)$ und $p(t)$ im stationären Zustand ($\dot{n} = \dot{p} = 0$) nach Gl. 3.1 berechnet. In Abb. 3.2 sind die Ergebnisse für ein Defektmodell mit interstitiellem Eisen (Fe_i) als RKZ dargestellt.

Die Werte der berechneten Lebensdauern stimmen bis zu Injektionen von etwa $\Delta n \approx 10^{15}\,\text{cm}^{-3}$ mit den Berechnungen der SRH Theorie überein (siehe Abb. 3.2a). Dies ist zu erwarten, da sich die Gleichungen der SRH Theorie im Spezialfall hoher Dotierung, niedriger Injektion und nur eines einzigen RKZ aus dem allgemeinen Gleichungssystem Gl. 2.21 ergeben. Für hohe Injektionen ($\Delta n > 10^{15}\,\text{cm}^{-3}$) werden die τ Werte der SRH Theorie deutlich zu groß. Die korrekte Behandlung der Auger-Rekombination im Simulationsprogramm ermöglicht es, auch bei hohen Injektionen den Verlauf der Lebensdauer

3.1 Modellierung und Analyse einfacher Defektmodelle

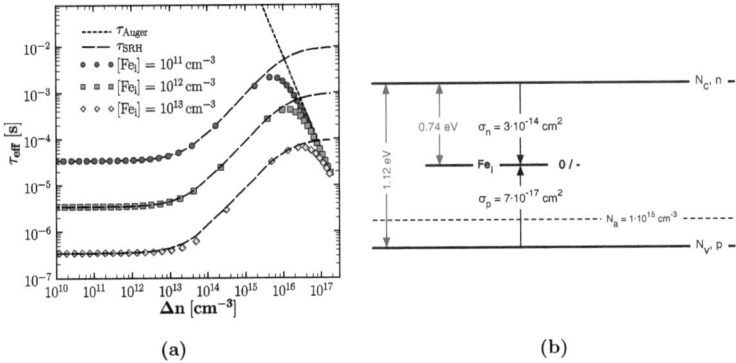

Abbildung 3.2: (a) Berechnete Lebensdauer in p-Si für verschiedene Konzentrationen von Fe_i als RKZ bei $T = 297$ K. Die Symbole sind mit dem Simulationsprogramm berechnete τ Werte, gestrichelte Linien sind Ergebnisse von SRH-Berechnungen, sowie die Auger-Lebensdauer. (b) Details des verwendeten Defektmodells [41].

korrekt zu modellieren.

Zur Berechnung der Injektion aus den Simulationsdaten wird der von MacDonald [42] vorgeschlagene Ansatz

$$\Delta n_{wtd} = \frac{\mu_n \Delta n + \mu_p \Delta p}{\mu_n + \mu_p} \quad (3.1)$$

gewählt. Für den einfachen Fall $\Delta n = \Delta p$ ist $\Delta n_{wtd} = \Delta n$. Der durch Gl. 3.1 definierte Ausdruck für die Injektion liefert realistischere Werte für Fälle, in denen $\Delta n \neq \Delta p$ ist. Haftstellen im Defektmodell oder Rekombinationszentren mit sehr unterschiedlichen Einfangsquerschnitten für Elektronen und Löcher können zu solch einem Verhalten führen. Für alle berechneten Injektionen Δn in dieser Arbeit wird stets Gl. 3.1 verwendet, ohne das dies speziell gekennzeichnet ist.

Das Verhältnis der Einfangsquerschnitte für Elektronen und Löcher eines Defektes wird häufig benötigt. Es ist daher nützlich eine Größe κ einzuführen, die als Symmetriefaktor bezeichnet wird.

$$\kappa = \frac{\sigma_n}{\sigma_p} \quad (3.2)$$

Aus Abb. 3.2a ist ersichtlich, dass die Lebensdauer bei niedrigen Injektionen (LLI) und in dotiertem Material konstant ist und bei gegebener Temperatur nur von der Konzentration des Rekombinationszentrums N_{RKZ} und dessen Einfangsquerschnitt für Elektronen σ_n abhängt.

$$\tau_{LLI} = (N_{RKZ} \cdot \sigma_n \cdot v_{th})^{-1} \quad (3.3)$$

Bei der Interpretation von Lebensdauermessungen sind die genauen Parameter N_{RKZ} und

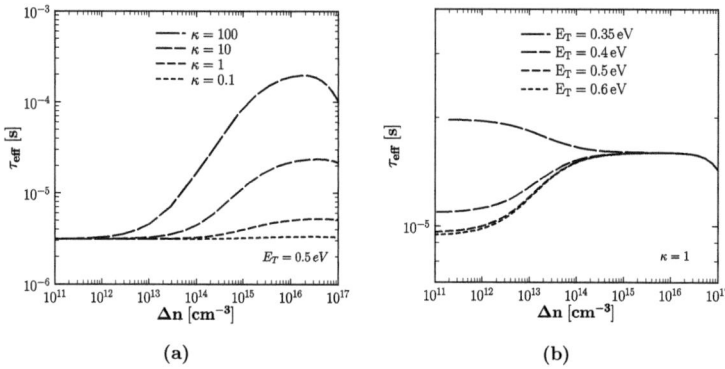

Abbildung 3.3: Berechnete injektionsabhängige Lebensdauer bei typische MDP Messbedingungen (Anregungspulslänge 0.5 ms, Transiente 2 ms, $N_{RKZ} = const.$). **(a)** verschiedene Symmetriefaktoren κ und **(b)** unterschiedliche Energielagen des RKZ im Band.

σ_n oft nicht bekannt. Als hilfreich hat sich die Angabe von "effektiven Defektkonzentrationen" $N_{eff} = N_{RKZ} \cdot \sigma_n$ erwiesen.

Die Ergebnisse von Lebensdauerberechnungen für Rekombinationszentren mit unterschiedlichen Parametern zeigt Abb. 3.3. Für den Fall von stark p-dotiertem Silizium ($N_A = 1 \times 10^{16}\,\text{cm}^{-3}$) wurde der Symmetriefaktor κ und die Energielage E_T des Defektes variiert.

Einen deutlich ausgeprägten Anstieg der Lebensdauer bei hohen Injektionen erhält man für $\kappa \gg 1$. Ein solches Zentrum fängt bevorzugt Elektronen aus dem Leitungsband ein, ist dann jedoch nicht in der Lage, gleichem Maße Löcher einzufangen. Das RKZ füllt sich dadurch bei hohen Injektionen mit Elektronen und die Lebensdauer steigt. Erst bei sehr hohen Injektionen sinkt τ durch den größer werdenden Anteil der Auger-Rekombination wieder. Eine Variation der Energielage des RKZ hat in hoch dotiertem Material wenig Auswirkungen auf die injektionsabhängige Lebensdauer, solange der energetische Abstand zum Ferminiveau $E_T - E_F$ ausreichend hoch ist. Liegt E_T zu nahe an E_F, ist das RKZ bereits im Gleichgewicht zu einem relevanten Teil mit Elektronen besetzt. Unter Lichteinwirkung kann es dann weniger Überschußelektronen aufnehmen. Die Lebensdauer erhöht sich demzufolge mit kleiner werden des Abstandes $E_T - E_F$.

Aus den hier dargestellten Abhängigkeiten lassen sich folgende allgemeine Regeln für die Bewertung von Lebensdauerdaten zur Materialcharakterisierung aufstellen:

1. Die Erhöhung des Produktes $N_T \cdot \sigma_n$ eines RKZ führt zu kleineren Lebensdauern.

2. Eine hohe Asymmetrie der Einfangsquerschnitte für Elektronen und Löcher $\kappa \gg 1$

führt zu einer starken Injektionsabhängigkeit von τ.

3. Eine erhöhte Dotierung führt bei ansonsten gleichen Parametern zu kleineren Lebensdauern.

Aus diesen Untersuchungen wird deutlich, dass sich gemessene Lebensdauerwerte nicht ohne weiteres als Qualitätskriterium für ein Material einsetzen lassen. Es ist notwendig, zusätzliche Angaben zur Dotierung und Injektionsbedingungen der τ Messung zu erhalten, damit eine sinnvolle Interpretation der Daten möglich ist.

3.1.2 Bestimmung der Konzentration von Rekombinationszentren

Eine typische Anwendung des Simulationsprogrammes ist die Konzentrationsbestimmung von Rekombinationszentren aus gemessenen Daten der injektionsabhängigen Lebensdauer. Abb. 3.4 zeigt mit MDP und zum Vergleich mit QSSPC gemessene Lebensdauern einer gezielt mit Eisen kontaminierten p-Si Probe. Die Probe war beidseitig durch ein thermisches Oxid passiviert, die Dotierung war bekannt ($N_A = 9 \cdot 10^{13}\,\mathrm{cm^{-3}}$) und die Temperatur betrug sowohl bei der MDP als auch bei der QSSPC Messung 300 K.

Es ist weiterhin bekannt, dass Eisen in Silizium in zwei elektrisch aktiven Modifikationen auftreten kann. In der thermodynamisch stabilen Form tritt Eisen in Verbindung mit dem Dotierstoff Bor und bildet sogenannte Eisen-Bor-Paare (FeB). Durch Temperaturbehandlung oder Bestrahlung mit energiereichem Licht lassen sich die FeB-Paare spalten und es entsteht interstitielles Eisen Fe_i [91]. Der Prozess der FeB-Spaltung ist reversibel und es bildet sich nach einiger Zeit abhängig von Dotierung und Temperatur aus Fe_i wieder FeB. Sowohl von interstitiellem Eisen als auch von Eisen-Bor-Paaren sind die elektrischen Defektparameter bekannt. FeB ist ein starkes Rekombinationszentrum nahe der Leitungsbandkante ($E_C - E_T = 0.27\,\mathrm{eV}$) mit annähernd symmetrischen Einfangsquerschnitten für Elektronen und Löcher ($\sigma_n = 3.0 \cdot 10^{-14}\,\mathrm{cm^2}$, $\sigma_p = 2.0 \cdot 10^{-15}\,\mathrm{cm^2}$, $\kappa \approx 15$). Fe_i liegt dagegen tief im Band ($E_C - E_T = 0.79\,\mathrm{eV}$) und hat für Löcher einen wesentlich kleineren Einfangsquerschnitt als FeB ($\sigma_n = 2.8 \cdot 10^{-14}\,\mathrm{cm^2}$, $\sigma_p = 6.8 \cdot 10^{-17}\,\mathrm{cm^2}$, $\kappa \approx 420$) [41].

Mit dem Simulationsprogramm lassen sich mit den entsprechenden Defektmodellen die injektionsabhängigen Lebensdauern für Fe_i und FeB bei gegebener Dotierung und Temperatur berechnen. Beim Vergleich mit den Messwerten fällt auf, dass sich mit keinem der beiden Modelle die gemessenen Lebensdauerkurven erklären lassen. Eine Verfälschung der Lebensdauerwerte durch Oberflächenrekombination kann auf Grund der Passivierung der Probe ausgeschlossen werden. Das Abfallen der Lebensdauerkurve (Abb. 3.4) bei Injektionen $\Delta n > 10^{14}\,\mathrm{cm^{-3}}$ ist nicht durch den Einfluss der Auger-Rekombination erklärbar, da hierfür die Dotierung zu gering ist. Es gibt jedoch Hinweise darauf, dass in nicht zu hoch dotiertem Material beide Formen der Eisen-Rekombinationszentren vorliegen [45]. Mithilfe eines Defektmodelles, dass sowohl Fe_i als auch FeB enthält, lassen

3 Lebensdauermessung und Defektanalyse

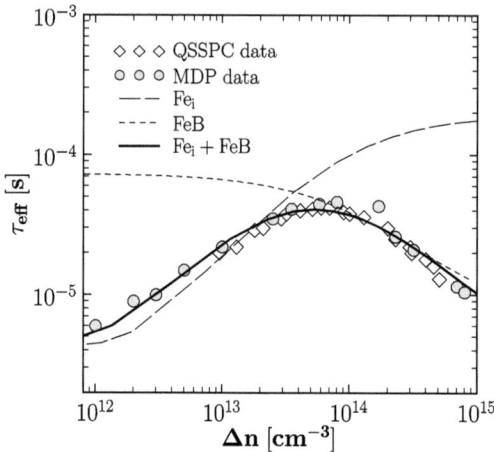

Abbildung 3.4: Lebensdauer Daten (Symbole) und die Resultate eines Fits für ein Modell mit Fe_i und FeB als Rekombinationszentren (schwarze Linie, $N_A = 9 \cdot 10^{13}\,\text{cm}^{-3}$, $T = 300\,\text{K}$). Außerdem sind die Lebensdauerkurven für Fe_i und FeB allein zum Vergleich dargestellt (graue Linien).

sich die Messwerte jedoch erklären. Zu diesem Zweck wurden nach der Methode der kleinsten Fehlerquadrate aus dem Defektmodell berechnete Lebensdauern durch Variation der Fe_i- und FeB-Konzentrationen an die Messwerte angepasst. Für den Fit wurde ein Gradientenverfahren benutzt [12], und die Konzentrationen $[Fe_i] = 3.2 \cdot 10^{12}\,\text{cm}^{-3}$ und $[FeB] = 1.6 \cdot 10^{13}\,\text{cm}^{-3}$ konnten auf diese Weise ermittelt werden.

Bei Anwendungsfällen, in denen die Parameter der Rekombinationszentren bekannt sind, führt das Anpassen von Lebensdauerkurven zum Erfolg. Die Bestimmung von unbekannten Parametern von RKZ mithilfe solcher "Fits" ist ebenfalls möglich, führt jedoch nur bei Defektmodellen mit wenigen freien Parametern zum Erfolg [75]. Generell ist eine genaue Bestimmung der mikroskopischen Defektparameter E_T, σ_n, σ_p und N_T bei völlig unbekannten Proben allein durch Auswertung der Injektionsabhängigkeit von τ nicht möglich, da eine gelungene Anpassung berechneter Lebensdauern an Messdaten noch kein eindeutiges Ergebnis liefert. Nutzt man jedoch zusätzlich noch die Temperaturabhängigkeit der Lebensdauer zur Analyse oder die Kombination mit anderen Methoden (z.B. DLTS), dann liefern derartige Auswertungen weitvolle Einblicke in das Defektinventar eines zu untersuchenden Materials.

Wie an dem hier gewählten Bsp. der Fe_i-FeB-Konzentrationsbestimmung demonstriert wurde, sind Modellrechnungen mit komplexeren Defektmodellen hervorragend geeignet um die Gültigkeit von Defektmodellen zu überprüfen. Das inverse Problem der

3.1 Modellierung und Analyse einfacher Defektmodelle

Ermittlung von Defektparametern aus Messdaten kann nur unter bestimmten Randbedingungen realisiert werden [75]. Am gewählten Bsp. wurde jedoch gezeigt, dass in der untersuchten Probe weder Fe_i noch FeB alleine für die Rekombinationseigenschaften des Materials verantwortlich sind. Die gemessenen injektionsabhängigen Lebensdauern lassen sich nur durch ein Defektmodell, dass beide Rekombinationszentren in den berechneten Konzentrationen enthält erklären.

Die Analyse der injektionsabhängigen Lebensdauer liefert qualitative Rückschlüsse über die Art des dominierenden Rekombinationszentrums im untersuchten Material. Eine Bestimmung der Konzentration von Rekombinationszentren ist durch die Anpassung von berechneten Lebensdauern an entsprechende Messdaten möglich. Dafür sind z.T. komplexere Defektmodelle mit mehreren RKZ notwendig. An vielen Proben ist jedoch ein starkes Ansteigen von τ bei geringen Anregungsintensitäten zu beobachten. Ein solches Verhalten kann nicht durch das Auftreten von Rekombinationszentren allein erklärt werden, sondern es müssen noch anders artige Defekte einen Einfluss auf die gemessenen Lebensdauern ausüben. Der folgende Abschnitt beschäftigt sich daher eingehend mit dem Einfluss und der Analyse von Haftstellen (Traps) auf MDP Messungen.

3.2 Modellierung und Analyse von Defektmodellen mit Haftstellen

Untersucht man die Injektionsabhängigkeit der Ladungsträgerlebensdauer mit MDP, so fällt auf, dass die gemessenen Werte bei der Verwendung von sehr kleinen optischen Anregungsintensitäten stark ansteigen (vgl. Abb. 3.7a). Die allgemein verwendete SRH Theorie sagt jedoch für den Bereich niedriger Injektionen eine konstante Lebensdauer voraus. Auch Modellrechnungen mit mehreren Rekombinationszentren zeigen für niedrige Injektionen eine konstante Lebensdauer. Es ist daher naheliegend, dass die beobachteten Effekte durch spezielle Defekte verursacht werden, die gerade bei sehr geringen Injektionen wesentlich die elektrischen Eigenschaften des Materials bestimmen. In diesem Abschnitt werden die Grundzüge einer einheitlichen Beschreibung von Lebensdauer- und MD-PICTS Messungen beim Auftreten von Haftstellen erläutert. Auf beide Messverfahren hat die Dynamik der (Um-)Besetzung von Haftstellen erheblichen Einfluss.

Ein weiterer Aspekt ist die Tatsache, dass in der klassischen PICTS-Theorie von YOSHIE und BRASIL das Produkt aus Lebensdauer und Beweglichkeit der Elektronen als für eine gegebene Temperatur konstant angenommen wird $\mu_n \cdot \tau_n = const.$ [89, 8]. Diese Annahme wird wiederum benutzt, um über die Methode der Photostromnormierung der PICTS-Spektren die Temperaturabhängigkeit des $\mu_n \cdot \tau_n$ Produktes aus den Spektren zu eliminieren und damit eine Proportionalität zwischen PICTS Signalhöhe und der Konzentration der Haftstellen herzustellen [92, 86]. Für die Herleitung der entsprechenden Zusammenhänge werden jedoch vereinfachte Ratengleichungen verwendet, bei deren Lösung stets nur der Anteil der Elektronen auf die gemessenen Leitfähigkeitssignale berücksichtigt wird. Ein Grund dafür ist der Umstand, dass die ursprünglichen Experimente von YOSHIE, BRASIL u.a. an semiisolierendem GaAs durchgeführt wurden. Es wurden Lichtquellen verwendet, deren Quantenenergie lediglich eine Anregung von Elektronen aus dem teilweise besetzten EL2 Defekt ins Leitungsband zulässt. Dies rechtfertigt für diese speziellen Bedingungen die Vernachlässigung der Löcher in den von den Autoren verwendeten Gleichungssystemen.

Bereits 1955 wurde von HORNBECK und HAYNES [31, 28] ein allgemeineres Modell zur Beschreibung des Einflusses von Haftstellen vorgeschlagen. Dieses Modell kann ebenfalls analytisch gelöst und zur Bestimmung der Parameter der Haftstellen eingesetzt werden. Erstaunlicherweise fanden die von HORNBECK und HAYNES gewonnenen Gleichungen keinen Eingang in die klassische PICTS-Theorie. Sie wurden erst in jüngerer Vergangenheit von MACDONALD zur Interpretation von QSSPC Messungen wieder herangezogen [42].

Basierend auf dem Modell von HORNBECK und HAYNES wird in diesem Abschnitt ein Modell zur umfassenden Beschreibung des Einflusses von Haftstellen auf MDP Messungen vorgestellt. Ausgehend von analytischen Näherungslösungen für den stationären Zustand

3.2 Modellierung und Analyse von Defektmodellen mit Haftstellen

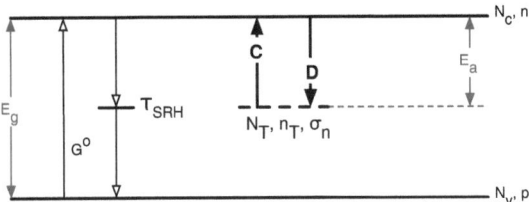

Abbildung 3.5: Vereinfachtes Modellsystem zur Beschreibung des Einflusses von Haftstellen auf MDP Messungen (nach [31]).

und für die Photoleitfähigkeitstransiente werden die Unterschiede zur klassischen PICTS-Theorie heraus gearbeitet. In Abschn. 4.2.1 wird auf dieser Grundlage dann ein neues Verfahren zur Bestimmung von der Trap-Parameter vorgestellt, das quantitative Analysen erlaubt und die Limitierungen der klassischen PICTS Theorie umgeht. Die analytischen Lösungen für "ideale" Haftstellen werden anschließend mit numerischen Berechnungen für abweichende Defektmodelle verglichen. Das Modell wird dann verwendet, um den bisher nur unzureichend formulierten Mechanismus der Entstehung von "negativen" PICTS Peaks in SI-GaAs aufzuklären. Weiterhin werden durch das Modell Schwierigkeiten, die im Zusammenhang mit der Interpretation von Photopulstopogrammen auftreten, beseitigt.

3.2.1 Vereinfachtes Modellsystem für Haftstellen (TM1)

Für die Herleitung des Trap-Modells (TM1) wird ein vereinfachtes Rategleichungssystem verwendet. Abb. 3.5 zeigt die Details des gewählten Ansatzes. Es wird von einem p-dotierten Halbleiter ausgegangen[1], dessen Lebensdauer durch ein typisches SRH-Zentrum festgelegt ist. Weiterhin gelten Niedriginjektionsbedingungen ($\Delta n \ll N_A$), d.h. die Lebensdauer τ_{SRH} sei konstant und unabhängig von der optischen Generationsrate G^o. Thermische Band-Band Generation sowie Band-Band und Auger Rekombination werden vernachlässigt. Es existiert eine reine Haftstelle für Elektronen mit der Konzentration N_T, einem Einfangsquerschnitt für Elektronen σ_n und einem Abstand zur Leitungsbandkante E_A. Die Haftstelle weist keine Wechselwirkung mit dem Valenzband auf ($\sigma_p = 0$, $\kappa = \infty$). Der Prozess des Elektroneneinfangs in die Haftstelle wird mit D, die thermische Reemission aus dem Trap mit C bezeichnet. Die Anzahl der Elektronen in der Haftstelle ist n_T. Im thermodynamischen Gleichgewicht soll wegen der p-Dotierung $n_T = 0$ sein. Das

---
[1] Die folgende Ableitungen und Ergebnisse gelten in analoger Weise für einen n-Halbleiter [28].

3 Lebensdauermessung und Defektanalyse

Rategleichungssystem für Modell TM1 lässt sich als

$$\dot{n} = G^0 - n(t) \cdot \tau^{-1} + C - D \tag{3.4a}$$
$$\dot{p} = G^0 - p(t) \cdot \tau^{-1} \tag{3.4b}$$
$$\dot{n}_\mathrm{T} = D - C \tag{3.4c}$$

formulieren. In Gl. 3.4 wird die Rekombination durch die Terme $-n(t) \cdot \tau^{-1}$ (Elektronen) bzw. $-p(t) \cdot \tau^{-1}$ (Löcher) beschrieben. Der Einfang von Elektronen in die Haftstelle (D) und deren thermische Anregung zurück ins Leitungsband (C) werden unter der Näherung niedriger Injektion ($Nc \gg n$) mit

$$C = n_\mathrm{T}\, \sigma_\mathrm{n}\, v_\mathrm{th}\, N_\mathrm{C}\, e^{-\frac{E_\mathrm{A}}{kT}} \tag{3.5a}$$
$$D = n(t)\, \sigma_\mathrm{n}\, v_\mathrm{th}\, (N_\mathrm{T} - n_\mathrm{T}) \tag{3.5b}$$

angesetzt (E_A Aktivierungsenergie der Haftstelle, σ_n Einfangsquerschnitt der Haftstelle für Elektronen, N_T absolute Haftstellenkonzentration, n_T Konzentration der besetzten Haftstellen). Der Unterschied zu einem Modell ohne Haftstelle liegt allein in der Hinzunahme der Terme C und D in die Gleichung für $\dot{n}$ und durch Einführen der zusätzlichen Gleichung für $\dot{n}_\mathrm{T}$ in das Ratengleichungssystem 3.4.

3.2.2 Stationäre Lösung - Photopulshöhe

Im stationären Fall (langer Photopuls) verschwinden die Zeitabhängigkeiten aus Gl. 3.4 ($\dot{n} = \dot{p} = \dot{n}_\mathrm{T} = 0$) und es lassen sich leicht Ausdrücke für die Konzentrationen der Elektronen und Löcher im stationären Zustand (n_L, p_L) finden. Da sich im stationären Fall die Besetzung des Traps nicht mehr ändert ($C = D$) erhält man mit

$$n_\mathrm{L} = \tau \cdot G^0 = \Delta n \tag{3.6}$$

für die Elektronenkonzentration die selbe Lösung wie für den Trap-freien Fall. Für die Zahl der im Trap befindlichen Elektronen $n_{\mathrm{T,L}}$ erhält man

$$n_{\mathrm{T,L}} = \frac{\Delta n \cdot N_\mathrm{T}}{N_\mathrm{C} \cdot e^{-\frac{E_\mathrm{A}}{kT}} + \Delta n}\ . \tag{3.7}$$

Es ist offensichtlich, dass Gl. 3.7 zu einer Konzentration $n_{\mathrm{T,L}} \gg 0$ an getrappten Elektronen im stationären Zustand führt. Wegen des Erhaltungssatzes für Ladungen muss sich die Konzentration der Löcher zu

$$p_\mathrm{L} = \Delta n + n_{\mathrm{T,L}} \tag{3.8}$$

ergeben. Die Konzentration an Löchern im stationären Zustand beim Auftreten einer Haftstelle ist also genau um $n_{T,L}$ höher als im Trap-freien Fall. Die Konzentration von Elektronen und Löchern in den Bändern ist beim Auftreten von Haftstellen nicht gleich ($\Delta n \neq \Delta p$).

Durch Einsetzen von Gl. 3.6 und Gl. 3.8 in Gl. 2.19 erhält man einen neuen Ausdruck für die Photoleitfähigkeit.

$$\Delta \sigma_T = \underbrace{\Delta n (\mu_n + \mu_p) e}_{\text{Minoritätsträger}(e^-)} + \underbrace{n_T \mu_p e}_{\text{Traps}(h^+)} \quad (3.9)$$

Während des Photopulses besetzte Haftstellen führen zu einer um $n_T \mu_p e$ erhöhten Photoleitfähigkeit. Diese wird durch die zusätzlichen Löcher verursacht, die für die Kompensation der Ladungen der getrappten Elektronen benötigt werden. Wie wir noch sehen werden, dominiert der Term $n_T \mu_p e$ in Gl. 3.9, außer

- man arbeitet bei hohen optischen Generationsraten und damit bei Injektionen $\Delta n \gg n_T$.

- für einen sehr kurzen Zeitraum (in der Größenordnung der Rekombinationslebensdauer τ_{SRH}) nach dem Abschalten des Lichtpulses.

Dieses Ergebnis steht im Widerspruch zur klassischen PICTS-Theorie. Bei dieser wird in ähnlichen RGS nur die Lösung von $\dot{n}$ analysiert und (fälschlicherweise) davon ausgegangen, dass die beobachtete Photoleitfähigkeit stets proportional zu $\mu_n \cdot \tau$, also eine von den Minoritätsträgerleitfähigkeit ist. Die hier vorgestellte Trap-Theorie kommt jedoch zu dem Ergebnis, dass bei kleinen optischen Anregungen die Photoleitfähigkeit in p-dotiertem Material hauptsächlich durch die Löcher, also die Majoritätsträger verursacht wird.

Mit den vorgestellten Ergebnissen lassen sich sowohl injektionsabhängige Messungen der Photopulshöhe erklären, als auch Probleme bei der Interpretation von entsprechenden Topogrammen beheben (siehe Abschn. 3.2.4).

3.2.3 Zeitabhängige Lösung - Transiente

Interessant für die Interpretation von MDP Messungen ist neben dem Einfluss von Traps auf die Photopulshöhe eine detaillierte Beschreibung der Transiente nach dem Abschalten des Anregungslichtes ($G^o = 0$). Der Lösungsweg von Gl. 3.4 ist im Detail in [31] beschrieben, auf seine Darstellung wird daher hier verzichtet.

Als analytische Lösung für Gl. 3.4 unter der Bedingung $G^o = 0$ erhält man die in Gl. 3.10. Für eine vereinfachte Schreibweise wird die Emissionszeitkonstante $\tau_{eth} = 1/e_n^t$

definiert.

$$n(t) = \propto \exp(-t/\tau_\infty) \quad (3.10a)$$
$$n_T(t) = \propto \exp(-t/\tau_\infty) \quad (3.10b)$$
$$\tau_\infty = \tau_{SRH} + \tau_{eth} + \tau_{eth}\, \tau_{SRH}\, N_T\, \sigma_n\, v_{th}$$

In Gl. 3.10 ist τ_{SRH} die im Modell TM1 benutzte Lebensdauer. Sowohl die Elektronen, als auch die Löcherkonzentration nähert sich asymptodisch einem einfachen exponentiellen Abfall mit der Zeitkonstante τ_∞. Für typische Haftstellenparameter in p-Si oder GaAs ist $(\tau_{SRH} + \tau_{eth}) \ll \tau_{SRH}\tau_{eth}N_T\sigma_n v_{th}$ und damit

$$\tau_\infty \approx \tau_{SRH} \cdot \tau_{eth} \cdot N_T \cdot \sigma_n \cdot v_{th} = \frac{\tau_{SRH} \cdot \tau_{eth}}{\tau_t}. \quad (3.11)$$

Die Zeitkonstante τ_t in Gl. 3.11 ist die mittlere freie Zeit, die ein Elektron im Leitungsband verbleibt, bevor es von der Haftstelle eingefangen wird.

Die Zeitabhängigkeiten der Lösungen Gl. 3.10 sind damit unter der Annahme sehr kleiner τ_{SRH} und bei Vernachlässigung des Term für den Wiedereinfang identisch mit denen der klassischen PICTS-Theorie. Sie unterscheiden sich lediglich in den Vorfaktoren. Für sie müssen n_L und p_L aus Abschn. 3.2.2 verwendet werden.

Es sei an dieser Stelle noch einmal darauf hingewiesen, dass sowohl bei den klassischen PICTS Experimenten, als auch bei MDP Messungen die (Photo-)Leitfähigkeit $\Delta\sigma(t)$ als Summe der von Elektronen- und Löcherleitfähigkeit gemessen wird. Eine Vernachlässigung der Löcherleitfähigkeit ist i.a. unzulässig und führt zu falschen Vorhersagen.

3.2.4 Diskussion der analytischen Lösungen

Abb. 3.6a zeigt die zeitabhängigen Lösungen für die Elektronen-, die Loch- und die Trapelektronenkonzentration nach Modell TM1 für eine typische Defektsituation (Elektronentrap: $E_A = 0.35\,\mathrm{eV}$, $\sigma_n = 3 \cdot 10^{-17}\,\mathrm{cm}^2$) in p-Si.

Die Kurve von $\Delta n(t)$ zeigt den auch aus der klassischen PICTS-Theorie bekannten Verlauf. Nach einem schnellen Abfall mit der Zeitkonstante der Volumenlebensdauer τ_b folgt ein langsamer Anteil, der durch die langsamere thermische Generation der getrappten Elektronen zurück ins Leitungsband verursacht wird. Der Verlauf von $\Delta p(t)$ weist nach dem Abschalten des Anregungslichtes nur ein im Verhältnis zu $\Delta n(t)$ sehr geringen Abfall mit τ_b auf. Ursache dafür ist, dass Δp nach Gl. 3.8 durch die Konzentration der getrappten Elektronen determiniert wird. Die Zeitabhängigkeit von $\Delta p(t)$ folgt damit praktisch über den gesamten Bereich streng der zeitabhängigen Konzentration der getrappten Elektronen $n_T(t)$. Auf die Form des Messsignals $\Delta\sigma(t)$ hat folglich das Verhältnis von Elektronen- zu Löcherbeweglichkeit direkten Einfluss. In p-Si ist das Verhältnis $\mu_n/\mu_p \approx 3/1$ und der

3.2 Modellierung und Analyse von Defektmodellen mit Haftstellen

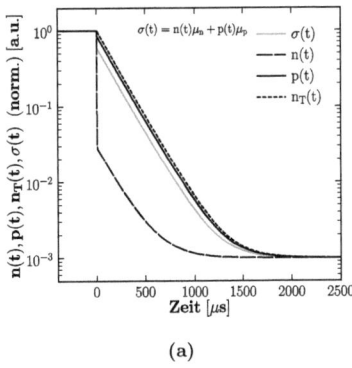
(a)

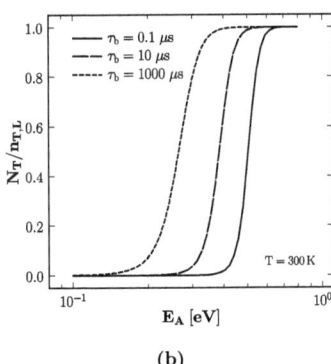
(b)

Abbildung 3.6: (a) Zeitabhängige Lösungen für Modell TM1. Für eine bessere Vergleichbarkeit sind die Signale normiert und logarithmisch dargestellt. Die Photoleitfähigkeit $\Delta\sigma(t)$ wurde mit typischen Beweglichkeitswerten für p-Si berechnet ($\mu_n/\mu_p \approx 3/1$). (b) Besetzungsverhältnis (Füllgrad) von Haftstellen in Abhängigkeit der Energielage $E_A = E_C - E_T$ und für verschiedene Volumenlebensdauern τ_b nach Gl. 3.7.

Effekt damit besonders deutlich messbar. In GaAs ist $\mu_n/\mu_p \approx 20/1$. Man erreicht in diesem Material aber auf Grund der typischerweise sehr kleinen Volumenlebensdauern $\tau_b \sim 10^{-9}$ s unter praktisch realisierbaren optischen Anregungen nur Photoelektronenkonzentrationen von $\Delta n \lesssim 10^{11}$ cm^{-3}. Typische Elektronen-Haftstellen in GaAs wie der EL6 oder der EL2 liegen in sehr viel höheren Konzentrationen vor ($[EL2] \approx 1.6 \cdot 10^{16}$ cm^{-3} [83]), so dass auch hier die Löcherleitung dominiert [65].

Auswirkungen auf Lebensdauermessungen

Bei niedrigen Injektionen sinkt der Anteil von $\Delta n(t)$ am Photoleitfähigkeitssignal. Dies führt bei der Bestimmung der Lebensdauer τ aus dem transienten Signalabfall zu einer scheinbar höheren Lebensdauer, da der Signalanteil mit einer Zeitkonstante von τ sehr klein gegenüber dem (langsameren) Defektanteil der Photoleitfähigkeitstransiente wird. In Abb. 3.7 sind berechnete und mit MDP gemessene injektionsabhängige Lebensdauern an p-Si dargestellt. Der Anstieg von τ bei niedrigen Injektionen ist lediglich ein "Messartefakt". Tatsächlich wird die Lebensdauer bei niedrigen Injektionen konstant. Dies ist jedoch durch den Einfluss der Löcherleitung auf $\Delta\sigma(t)$ bei genügend hohen N_T und geringen optischen Anregungen nicht messbar. Es handelt sich hierbei um ein prinzipielles Problem. Eine Messung von $\Delta\sigma(t)$ gibt nur unter der Vorraussetzung $\Delta n(t) = \Delta p(t)$ die gewünschte Information über die Lebensdauer.

Die gemessenen Lebensdauerkurven können somit durch die Effekte von Haftstellen im Material erklärt werden. Aus den gemessenen Lebensdauern in Abb. 3.7b erkennt

3 Lebensdauermessung und Defektanalyse

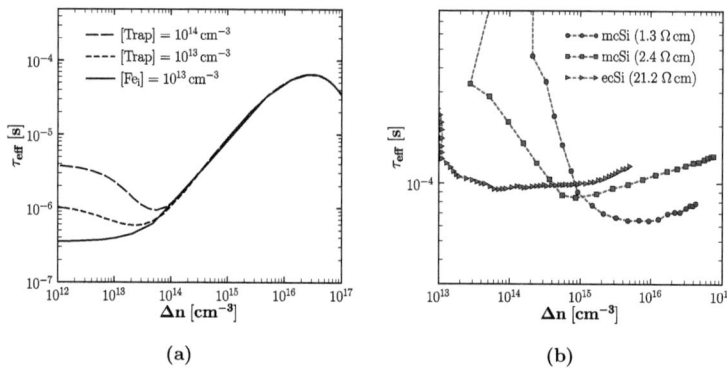

Abbildung 3.7: (a) Berechnete injektionsabhängige Lebensdauer für p-Si. Das Defektmodell enthält neben Fe_i als RKZ noch einen Trap-Zustand ($E_A = 0.35\,\text{eV}$, $\sigma_n = 3 \cdot 10^{-17}\,\text{cm}^2$, $N_T = 1 \cdot 10^{13}\,\text{cm}^{-3}$). (b) Injektionsabhängige MDP-Lebensdauermessungen an verschiedenen p-Si Proben. Der aus den Modellierungen vorhergesagte Anstieg der Lebensdauer bei niedrigen Injektionen ist in allen Proben erkennbar.

man außerdem, dass dieser Effekt materialabhängig ist und damit einen Hinweis auf die Konzentration der Traps gibt. Hohe gemessene Lebensdauern können sowohl durch den Einfluss von Haftstellen, als auch durch geringe Konzentrationen an Rekombinationszentren hervorgerufen werden. Durch Analyse der Injektionsabhängigkeit von τ ist eine Separation der Effekte möglich.

Auswirkungen auf die Messung der Photopulshöhe

Bei einer genauen Analyse der gemessenen Photopulstopogramme in Abb. 2.11a erkennt man einige Widersprüche. Diese lassen sich durch die Anwendung der Trap-Theorie auflösen. Vergleicht man die Photopuls- und Lebensdauertopogramme in Abb. 2.11, so fällt auf, dass in Gebieten mit hoher Photoleitfähigkeit (Gebiet 1) gerade eine im Vergleich zu umgebenden Gebieten niedrigere Lebensdauer gemessen wird. Eine mögliche Erklärung für ein solches Verhalten wären lokale höhere Beweglichkeiten der Überschussladungsträger [16].

Die genaue Analyse des Defektanteils der MDP Signale in den Gebieten zeigt einen erhöhten Defektanteil in der Region mit dem höheren Photopuls. Eine erhöhte Beweglichkeit auf Grund einer höheren Detektdichte erscheint jedoch nicht sinnvoll. Die höheren Photoleitfähigkeiten in Abb. 2.11a werden durch lokal höhere Trap Konzentration verursacht. Die lokal höhere Konzentration an Traps führt zu einer erhöhten Photoleitfähigkeit nach Gl. 3.9. Die starke Korrelation der Photoleitfähigkeit mit dem Defektanteil und das Verschwinden der Kontraste bei hohen optischen Anregungen untermauern diese Analyse zusätzlich.

Die von DORNICH vorgeschlagenen Beweglichkeitstopogramme aus dem Quotienten von Photoleitfähigkeit und Lebensdauer [16] sind aus den genannten Gründen nur bei hohen Injektionen sinnvoll. Eine Beweglichkeitstopographie mit MDP ist möglich, wenn durch ausreichend Licht sichergestellt ist, dass $\Delta n \gg n_{T,L}$ ist.

Einfluss auf PICTS-Spektren

Ein aktuelles Beispiel für die Verknüpfung der hier vorgestellten Trap-Theorie mit der klassischen PICTS-Theorie ist die Interpretation der PICTS-Spektren des EL2-Defektes in semiisolierenden (SI) GaAs.

Der EL2-Defekt stellt in seinen elektrischen Eigenschaften einen tiefen Donator dar. In SI-GaAs ist dieser Defekt nicht voll besetzt und wirkt unter intrinsischer Beleuchtung als tiefes Elektronentrap ($E_A = 0.75\,\text{eV}$, $\sigma_n = 5.5 \cdot 10^{-14}\,\text{cm}^2$, $N_T = 1.56 \cdot 10^{16}\,\text{cm}^{-3}$ $\kappa \approx 3 \cdot 10^5$) [19]. Bei (MD-)PICTS Messungen beobachtet man einen Vorzeichenwechsel des EL2-Peaks für verschiedene Lagen des Ferminiveaus [21]. Erste Erklärungsversuche dieses ungewöhnlichen Verhaltens wurden von GRÜNDIG-WENDROCK gegeben [22]. Das Auftreten des negativen Peaks wurde mit der Wechselwirkung des EL2 mit dem Valenzband begründet. Ein ähnlicher Effekt wurde später von S. HAHN bei Untersuchungen des Eisen-Defektes in InP beobachtet [23]. SCHMERLER konnte jedoch zeigen, dass zur Erklärung eines negativen PICTS-Peaks die Annahme der Wechselwirkung des Defektes mit dem Valenzband nicht notwendig ist [65]. Ursache eines negativen PICTS-Peaks ist demnach ein zeitweiliges Abfallen der Elektronenkonzentration im Leitungsband unter das Gleichgewichtsniveau nach dem Abschalten des Anregungslichtes (Abb. 3.8b). Ein solches Verhalten tritt immer dann auf, wenn

1. ein sehr tiefes Elektronentrap vorliegt ($\sigma_n \gg \sigma_p$) und

2. ein schneller Rekombinationskanal für Überschusselektronen vorhanden ist.

Beide Bedingungen sind im SI-GaAs und in den untersuchten InP-Proben gegeben.

Das vom Ferminiveau abhängige Umschlagen eines positiven Peaks für den EL2 ins Negative (bei $E_F = 0.64...0.77\,\text{eV}$) lässt sich durch die konsequente Anwendung von Gl. 3.9 leicht erklären. $n(t)$ zeigt für alle untersuchten Lagen des Ferminiveaus einen Verlauf, bei dem die Elektronenkonzentration nach dem Abschalten des Lichtes unter den Gleichgewichtswert fällt. $p(t)$ zeigt dagegen das gewöhnliche Verhalten eines immer positiven Photopulses (siehe Abb. 3.8a). Da die (MD-)PICTS Spektren aus der Messung von $\Delta\sigma(t)$ gewonnen werden, entscheidet allein das Verhältnis von Elektronen- zu Löcherleitfähigkeit darüber, ob ein positiver (Löcherleitung) oder negativer (Elektronenleitung) PICTS-Peak beobachtet wird.

Da die Konzentration des El2 Defektes in SI-GaAs praktisch konstant ist, führt das höhere Ferminiveau in den Proben mit niedrigem Widerstand zu einer höheren Gleich-

3 Lebensdauermessung und Defektanalyse

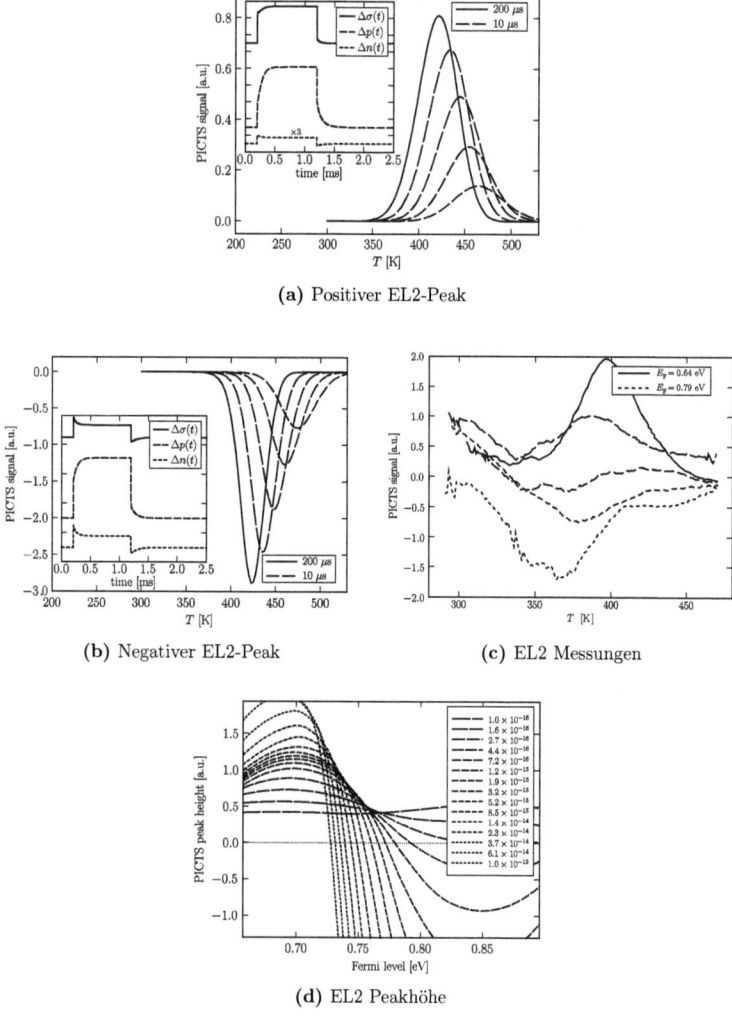

(a) Positiver EL2-Peak

(b) Negativer EL2-Peak

(c) EL2 Messungen

(d) EL2 Peakhöhe

Abbildung 3.8: Simulationsergebnisse und Messungen für das positiv / negativ Peak Verhalten des EL2 Defektes bei MD-PICTS Messungen in SI-GaAs. Die Grafiken wurden aus [65] entnommen.

3.2 Modellierung und Analyse von Defektmodellen mit Haftstellen

gewichtsbesetzung des El2. Deswegen kann während des Lichtpulses nur eine geringe Anzahl an Elektronen im El2 getrappt werden, was nach $\Delta p = n_{T,L} + \Delta n$ zu einer niedrigen Zahl von Überschusslöchern Δp führt. In diesem Fall dominiert die Elektronenleitung $\Delta\sigma(t)$ und ein negativer PICTS-Peak wird beobachtet. Ein niedrig liegendes Ferminiveau verursacht den gegenteiligen Effekt. Wegen der niedrigen Gleichgewichtsbesetzung des El2 werden mehr Elektronen getrappt und es werden viele Überschusslöcher erzeugt. In diesem Fall wird das Leitfähigkeitssignal von den Überschusslöchern dominiert und ein positiver PICTS-Peak beobachtet.

Der in den Messungen beobachtete sehr kleine Bereich des Ferminiveaus, in dem sich das Umschlagen des PICTS-Peaks abspielt (Abb. 3.8c) wird durch die numerischen Berechnungen von SCHMERLER sehr gut bestätigt[2]. Die absoluten Werte der berechneten Lagen des Ferminiveaus zeigen leichte Abweichungen, was aber mit den im Defektmodell verwendeten Vereinfachungen zu erklären ist.

Die hier am Bsp. des EL2 Defektes durchgeführten Betrachtungen haben noch allgemeineren Charakter und grundsätzliche Auswirkungen für die Interpretation von PICTS Spektren. Das Bsp. des EL2 Defektes zeigt, dass eine Konzentrationsbestimmung aus der Höhe der PICTS Peaks problematisch ist. Im Falle des EL2 hängt die Höhe des Peaks vom Ferminiveau, also allein von der Besetzung des betrachteten Defektes im Gleichgewicht ab. Die Peakhöhe korreliert hingegen gerade nicht mit der EL2-Konzentration, da diese in den untersuchten Proben praktisch konstant ist. Für die Interpretation der MD-PICTS Spektren von anderen Defekten in der Nähe des Ferminiveaus (tiefe Traps) ist die Kenntnis der genauen Lage von E_F im betrachteten Temperaturbereich notwendig. Das, in dieser Arbeit vorgestellte, Simulationsprogramm eignet sich sehr gut, um entsprechende Effekte zu untersuchen und Aussagen über die Gültigkeit von Konzentrationsabschätzungen zu geben.

3.2.5 Beseitigung von Trapping-Effekten aus Lebensdauermessungen

Wie bereits erwähnt, ist die scheinbare Erhöhung von τ_{eff} durch den Einfluss von Haftstellen ein Problem. Zwar kann der Effekt prinzipiell vermieden werden, indem die Messungen bei genügend hohen Anregungsdichten durchgeführt werden, dies verhindert jedoch offensichtlich eine Bestimmung der Lebensdauer bei niedrigen Injektionen. Für eine umfassende Materialcharakterisierung ist jedoch die Niedriginjektionslebensdauer von Interesse, da sie den tatsächlichen Betriebsbedingungen von Bauelementen oftmals besser entspricht. Es existieren zwei Techniken, die zur Verminderung oder Beseitigung des störenden Effektes eingesetzt werden: (i) Messung mit Untergrundlicht (Bias Licht), (ii) Anwendung der ILT zur Separation von Lebensdauer- und Defekttransiente.

---
[2]Für die Berechnungen wurde das in dieser Arbeit vorgestellte Simulationsprogramm verwendet.

3 Lebensdauermessung und Defektanalyse

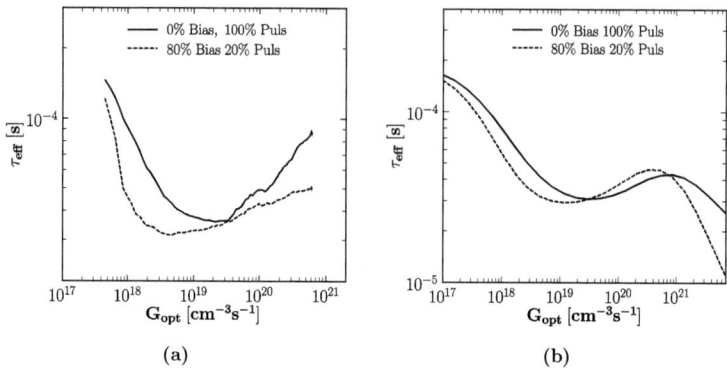

Abbildung 3.9: (a) MDP Messungen der effektiven Lebensdauer einer mc-Si Probe als Funktion der Beleuchtungsstärke mit und ohne Bias-Licht. Deutlich ist der haftstellenbedingte Anstieg der Lebensdauer bei niedrigen Anregungsintensitäten und die deutliche Verringerung der Lebensdauer bei hohen Anregungsintensitäten erkennbar. (b) Berechnete Lebensdauern für ein Defektmodell mit einem RKZ und einer Haftstelle mit und ohne Bias Licht.

MDP Messungen mit Bias-Licht

Von einigen Autoren wird die Verwendung einer Hintergrundbeleuchtung während des Messvorgangs zur Unterdrückung der Trapping-Effekte vorgeschlagen. Bei derartigen Experimenten wird das Anregungslicht nicht vollständig an- und wieder ausgeschaltet, sondern die Messungen werden mit einem zusätzlichen Lichtpuls zu einer konstanten Hintergrundbeleuchtung durchgeführt. Die Intensität des Lichtpulses variiert dabei die Intensität des Hintergrundlichtes nur wenig. Die Haftstellen sollen dadurch ständig mit Ladungsträgern gefüllt sein und eine Umbesetzung während des Lichtpulses verhindert werden.

Abb. 3.9 zeigt die Ergebnisse von Messungen an einer multikristallinen Siliziumprobe mit einer erhöhten Haftstellenkonzentration. Tatsächlich wird durch den Einsatz des Untergrundlichtes das haftstellenbedingte Ansteigen der Lebensdauer zu niedrigen Anregungsintensitäten verschoben. Dies wird auch durch Simulationsrechnungen mit Bias-Licht bestätigt (Abb. 3.9b). Je nach Konzentration der Haftstellen reicht ab einem bestimmten Wert die Intensität des Hintergrundlichtes nicht mehr aus, um die Haftstellen zu füllen. Der Einsatz von Bias-Licht kann den Effekt des Anstiegs der effektiven Lebensdauern bei niedrigen Anregungsintensitäten nur abschwächen aber nicht verhindern.

Zusätzlich beobachtet man beim Einsatz von Bias-Licht eine Verringerung der gemessenen Lebensdauer bei sehr hohen Anregungsintensitäten. Eine Erklärung für dieses Verhalten wurde von SCHMIDT vorgeschlagen [67]. Messungen mit Untergrundlicht führen

3.2 Modellierung und Analyse von Defektmodellen mit Haftstellen

infolge der nur kleinen Modifikation der Bias-Licht Intensität zu einer sogenannten differentiellen Lebensdauer τ_{diff}.

$$\tau_{\text{diff}} = \left[\frac{\partial U(\Delta n)}{\partial \Delta n}\right]^{-1} \quad (3.12)$$

Aus Gl. 3.12 wird deutlich, dass τ_{diff} nur dann mit τ übereinstimmt, wenn die Rekombinationsrate U nicht injektionsabhängig ist. Die Verringerung der Lebensdauer bei hohen optischen Generationsraten im Beispiel lässt sich durch den Einfluss der Auger Rekombination erklären. Im Falle hoher Injektionen kann die Auger-Rekombinationsrate U_{Aug} näherungsweise durch

$$U_{\text{Aug}} = \Delta n^3 C_{\text{n,p}} \quad (3.13)$$

beschrieben werden. Man erhält daher für die differentielle Auger-Lebensdauer

$$\tau_{\text{Aug,diff}} = \left[\frac{\partial U_{\text{Aug}}}{\partial \Delta n}\right]^{-1} = \frac{1}{3\,\Delta n^2\, C_{\text{n,p}}}. \quad (3.14)$$

Dies bedeutet aber, dass $\tau_{\text{Aug,diff}}$ um den Faktor 3 kleiner ist, als die tatsächliche Auger-Lebensdauer. Dies erklärt, warum Messungen mit Bias-Licht bei hohen optischen Anregungsraten, die zunehmend durch die Auger-Rekombination dominiert werden, geringere Werte für die Lebensdauer liefern. Diese Zusammenhänge sind auch für die anderen Rekombinationsprozesse gültig und können abhängig vom konkreten Zusammenhang für $U(\Delta n)$ zu verschiednen τ_{diff} führen.

Inverse Laplace Transformation

Eine weitere Variante zur Verminderung des Einflusses von Trapping-Effekten auf die gemessene effektive Lebensdauer ist der Einsatz der in Abschn. 2.4.4 vorgestellten inversen Laplace Transformation.

Abb. 3.10 zeigt ein typisches Ergebnis einer Auswertung mit inverser Laplace Transformation am Beispiel einer Lebensdauermessung in Abhängigkeit von der Generationsrate. Neben der standardmässig mittels linearer Regression berechneten Lebensdauer sind die Werte der jeweils kleinsten, mittels ILT berechneten Zeitkonstanten aufgetragen. Es zeigt sich, dass bei bei Generationsraten $> 10^{19}\,\text{cm}^{-3}\,\text{s}^{-1}$ die ILT Auswertung im wesentlichen die durch lineare Regression ermittelten Lebensdauerwerte reproduziert. Bei geringen optischen Generationsraten wird die mittels ILT berechnete Lebensdauer in einem Bereich von $10^{18} - 10^{19}\,\text{cm}^{-3}\,\text{s}^{-1}$ nicht durch den Einfluss der Haftstellen erhöht. Es ist aber auch erkennbar, dass bei noch niedrigeren Generationsraten ebenfalls ein Ansteigen der so ermittelten effektiven Lebensdauer auftritt. Dies hat mehrere Gründe. Zum Einen ist bei sehr niedrigen Lichtintensitäten die Signalqualität auch bei MDP Messungen sehr schlecht und die gemessenen Transienten sind stark verrauscht. Da es sich bei der ILT ebenfalls um ein, wenn auch hoch entwickeltes, numerisches Auswerteverfahren handelt, wird dessen Genauigkeit durch das schlechte Signal Rausch Verhältnis begrenzt. Zum Anderen

3 Lebensdauermessung und Defektanalyse

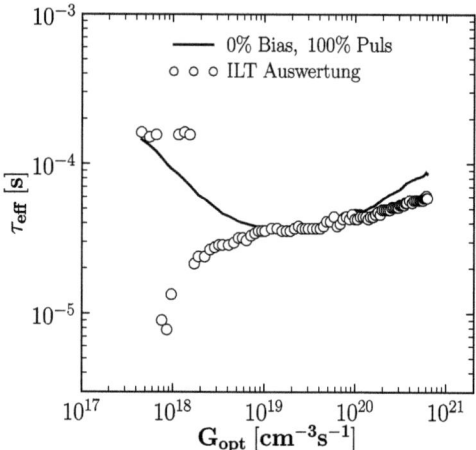

Abbildung 3.10: Berechnung der effektiven Lebensdauer als Funktion der Generationsrate mittels linearer Regression (durchgezogene Linie) und mittels inverser Laplace Transformation (Details siehe Text).

ist die Photoleitfähigkeit bei sehr niedrigen optischen Anregungen, wie in Abschn. 3.2.3 ausführlich diskutiert wurde, hauptsächlich eine Majoritätsträgerleitfähigkeit und mit sinkender optischer Generationsrate geht der Anteil der "schnellen" Lebensdauertransiente am Gesamtsignal gegen Null. Auf die ILT übertragen bedeutet dies, dass der Vorfaktor s_0 für den entsprechenden Signalanteil auch sehr klein wird, und aufgrund der numerischen Ungenauigkeit bei zu kleinen Signalen nicht mehr bestimmt werden kann. Oder anders ausgedrückt, die Transiente lässt sich dann wieder mit einer einfachen Exponentialfunktion anpassen, die aber die Zeitkonstante der Haftstellenentleerung besitzt. Trotzdem bietet die ILT die Möglichkeit, in einem deutlich größeren Injektionsbereich zumindest qualitativ zu überprüfen, ob die gemessene Leitfähigkeitstransiente durch Haftstelleneinfluss verfälscht ist.

Zusammenfassend ist festzustellen, dass weder die Messung mit Untergrundlicht, noch die Anwendung von hoch entwickelten Auswerteverfahren wie ILT die z.T. störenden Einflüsse des haftstellenbedingten Anstiegs der effektiven Lebensdauer bei niedrigen Injektionen in vollem Umfang lösen können. Das vorgestellte vereinfachte Haftstellenmodell beschreibt die auftretenden Effekte präzise. Durch die Anwendung des Modells wurde erstmals für eine Reihe von bisher unklaren Messergebnissen eine detaillierte Interpretation der experimentellen Resultate möglich.

3.3 Vergleichende Untersuchungen der Mikrowellendetektierten Photoleitfähigkeit mit QSSPC und μ-PCD

Die beiden wichtigsten kontaktlosen Messverfahren, die sich auch in der industriellen Anwendung durchgesetzt haben, sind die QSSPC und μ-PCD Messverfahren. Die Grundlagen der Verfahren und die Unterschiede zur MDP wurden bereits in Abschn. 2.5 beschrieben. Die genannten Messverfahren liefern kontaktlos und zerstörungsfrei Messwerte für die Lebensdauer in einem Halbleitermaterial. Diese Werte sollten bei identischen Proben im Rahmen der Messgenauigkeit untereinander vergleichbar sein. In der Realität ist dies jedoch oft nicht der Fall, und die gemessenen Lebensdauerwerte unterscheiden sich signifikant, so dass die Vermutung von systematischen Abweichungen nahe liegt. Dies stellt insbesondere dann ein Problem dar, wenn die Qualität eines Halbleitermaterials ermittelt oder Defektparameter aus den gemessenen Lebensdauern berechnet werden sollen. Anders ausgedrückt, stellt sich die Frage, welche der gemessenen Lebensdauern ist die "richtige"?

Bei der Bestimmung von absoluten Photoleitfähigkeiten aus MDP Messungen in Abschn. 4.1 wird noch deutlich, dass die gemessene Photoleitfähigkeit eng mit der verwendeten experimentellen Apparatur und den Injektionsbedingungen zusammenhängt. Zwischen den Messverfahren existieren wesentliche Unterschiede in den experimentellen Bedingungen, unter denen die Photoleitfähigkeitssignale detektiert werden. Dies bezieht sich vor allem auf die verwendeten optischen Anregungsbedingungen. Der in diesem Abschnitt durchgeführte Vergleich der drei Messverfahren soll daher einen objektiven Vergleich der experimentellen Resultate ermöglichen. Dabei werden nicht vorrangig die apparativen Unterschiede dargestellt, sondern es wird mithilfe von detaillierten Modellierungen die Reaktion der Messverfahren auf verschiedene typische Defektsituationen untersucht. Die gewonnen Erkenntnisse werden dann durch Messungen an unterschiedlichen Proben mit allen Verfahren untermauert.

3.3.1 Auswahl der Modellsysteme

Um einen weiten Bereich an praktisch relevanten Defektsituationen zu erfassen, wurden die folgenden Modellsysteme gewählt:

M1 (RKZ): In Szenario M1 werden verschiedene Rekombinationszentren modelliert, wobei sowohl die energetische Lage E_T in der Bandlücke, als auch der Symmetriefaktor κ variiert wird. Dieses Modell stellt gewissermaßen den Idealfall einer untersuchten Probe dar, da jeweils nur mit einem Defekt, der den Charakter eines reinen Rekombinationszentrums besitzt, gerechnet wird.

M2 (RKZ + Trap): Mit diesem Modell wird der Einfluss eines Haftstellenniveaus in der Bandlücke auf die verschiedenen Lebensdauermessverfahren untersucht. Das

3 Lebensdauermessung und Defektanalyse

Defektmodell besteht also aus zwei Zentren, einem RKZ und einer reinen Elektronenhaftstelle. Als Rekombinationszentren wurden wegen ihrer technologischen Relevanz und der umfangreichen Daten zu den Defektparametern Eisen-Bor-Paare (FeB) gewählt. Für die Elektronenhaftstelle wurden typische Parameter aus den in Abschn. 4.2.3 durchgeführten Haftstellenbestimmungen ausgewählt ($E_A = 0.35$ eV, $\sigma_n = 1 \cdot 10^{-16}$ cm^2, $\sigma_p = 0$ cm^2, $N_T = 5 \cdot 10^{13}$ cm^{-3}).

M3 (Defektverteilung): Bei vielen Halbleitermaterialien geringerer Qualität können Defekte mit einer breiten energetischen Verteilung in der Bandlücke auftreten. Dies gilt z.B. für die Energieniveaus, die durch Oberflächenzustände erzeugt werden. Außerdem gibt es in der Solarindustrie Bestrebungen, auch metallurgisches Silizium für die Produktion von Solarzellen einzusetzen, dessen hoher Defektgehalt zu Defektverteilungen führt. Für diese Modellierungen wurde eine Defektverteilung gewählt, die sich durch eine Gauß-Funktion beschreiben lässt deren Maximum in der oberen Hälfte der Bandlücke liegt.

$$D(E) = D_{\max} \exp\left[\frac{(E - 0.8\,\text{eV})^2}{0.04\,\text{eV}^2}\right] \qquad (3.15)$$

Als Maximalwert wurde $D_{\max} = 1 \cdot 10^{14}$ cm^{-3} gewählt, um hohe Defektdichten zu modellieren. Die Einfangquerschnitte der Defekte sind identisch und mit $\sigma_n = \sigma_p = 1 \cdot 10^{-15}$ cm^2 relativ gering. Dies entspricht dem Fall vieler verschiedener Defekte, die aber allesamt nur eine geringe Rekombinationsaktivität aufweisen.

Für die Berechnungen wurde weiterhin p-dotiertes Silizium mit $N_A = 1 \cdot 10^{16}$ cm^{-3} und eine Temperatur von $T = 300$ K angenommen. Diese Werte sind typisch für Solarmaterial, wie es gegenwärtig von vielen Herstellern eingesetzt wird.

Für die Messungen wurde multikristallines Silizium mit einem Widerstand von $0.8\,\Omega$ cm und monokristallines Silizium mit einem Widerstand von $2.4\,\Omega$ cm verwendet. Die Proben waren p-dotiert, wurden beidseitig mit einer SiN Schicht passiviert und stammen vom selben Hersteller, die Dicke der Proben betrug 210 μm.

3.3.2 Modellierung der Messverfahren

Die Erzeugung von MDP Signalen aus berechneten Photoleitfähigkeiten wurde bereits im Abschn. 2.3.2 vorgestellt. Für eine Simulation von QSSPC und μ-PCD Messungen muss dieses Vorgehen nur geringfügig modifiziert werden, da auch bei diesen Messverfahren die Photoleitfähigkeit die primäre Messgröße darstellt. Wesentliche Unterschiede ergeben sich aus Sicht der Simulation bei der Implementierung der optischen Generation und bei der Berechnung der effektiven Lebensdauer aus den generierten Photoleitfähigkeitsdaten.

3.3 Vergleich von MDP mit QSSPC und μ-PCD

Methode	$G^o\,[\mathrm{cm^{-3}\,s^{-1}}]$	Anregungsdauer	Injektion $\Delta n\,[\mathrm{cm^{-3}}]$	Steady-State
QSSPC	$10^{16}...10^{23}$	ms	$10^{13}...10^{17}$	ja
MDP	$10^{16}...10^{23}$	$\mu s...$ms	$10^{11}...10^{17}$	nein...ja
μ-PCD	10^{22}, 10^{23}	200 ns	$10^{15}...10^{17}$	nein

Tabelle 3.1: Zusammenstellung typischer experimenteller Parameter der kontaktlosen Messmethoden MDP, QSSPC und μ-PCD. Diese Bedingungen werden für die Modellierung der einzelnen Methoden eingesetzt.

In Tab. 3.1 sind typische Messparameter der einzelnen Methoden zusammengestellt, die in dieser Form auch für die Simulationsrechnungen verwendet werden. Der Hauptunterschied der μ-PCD Methode im Vergleich zur MDP liegt in der Anregungsdauer und Intensität des verwendeten Lichtpulses. Typischerweise verwenden μ-PCD Anlagen einen sehr kurzen und intensiven Laserpuls zur optischen Anregung, der eine feste Pulsbreite von $t_P = 200$ ns besitzt. Die aus der verwendeten optischen Leistung und der Spotgröße resultierende optische Generationsrate liegt im Bereich von $G^o = 10^{23}\,\mathrm{cm^{-3}\,s^{-1}}$. Die Anpassung des Simulationsprogramms an die Bedingungen des μ-PCD Messverfahrens ist relativ einfach, es muss nur ein entsprechend kurzer Lichtpuls mit der entsprechenden Generationsrate verwendet werden. Die Lebensdauer wird aus dem Zeitverlauf der Photoleitfähigkeit durch lineare Regression des logarithmierten Signals im Zeitbereiches $t_\mathrm{lt} = 5...30\,\mu s$ nach dem Ende des Lichtpulses berechnet [76].

Ein abgewandeltes Verfahren ist für die Erzeugung von QSSPC Daten notwendig. In Abschn. 2.5.2 wurden die methodischen Unterschiede der QSSPC Methode zur MDP bereits behandelt. Durch die Verwendung einer Blitzlampe als Lichtquelle, deren Intensitätsabnahme mit einer Zeitkonstante verläuft, die wesentlich länger als die Lebensdauer ist, befindet sich die Probe zu jedem Zeitpunkt in einem stationären Zustand. Für die Umsetzung im Simulationsprogramm ist es notwendig, dieses langsame Abschalten der Blitzlampe zu modellieren. Für diesen Zweck wurde im Programm die Möglichkeit eingebaut, anstatt der für MDP- und μ-PCD verwendeten Stufenfunktion eine Funktion der Form

$$G(t) = G_0 \cdot \exp\left[-\frac{t}{\tau_\mathrm{blitz}}\right] \quad (3.16)$$

zu verwenden. Für die Zeitkonstante der Blitzlampe wurde ein Wert von $\tau_\mathrm{blitz} = 5$ ms verwendet, und der Startwert G_0 wurde aus den Leistungsdaten der Lampe bestimmt [80]. Ein weiterer Unterschied zur MDP besteht darin, dass die Blitzlampe der QSSPC ein Wellenlängenspektrum emittiert. Für die durchgeführten Berechnungen wurde nur die Intensität des Teils des Lichtes benutzt, das eine Energie größer als die Bandlücke besitzt. Das Simulationsprogramm liefert als Ergebnis die Photoleitfähigkeit als Funktion der zeitabhängigen Generationsrate, und man berechnet die Lebensdauer genauso wie im

3 Lebensdauermessung und Defektanalyse

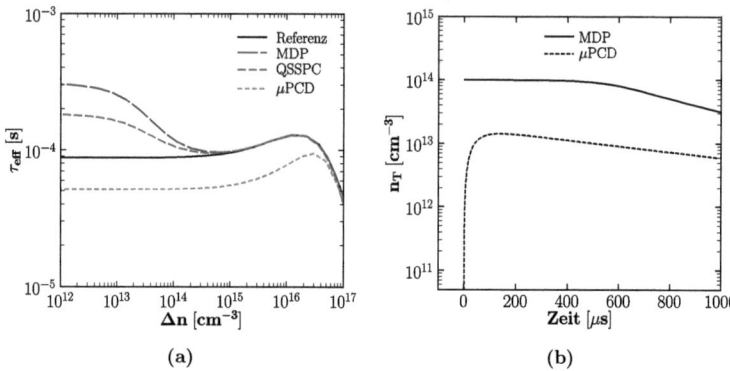

Abbildung 3.11: (a) Injektionsabhängigkeit der effektiven Lebensdauer für typische MDP, QSSPC und μ-PCD Messbedingungen berechnet mit dem Defektmodell M2 (Details siehe Text). (b) Zeitabhängigkeit der Konzentration der Elektronen in der Haftstelle im Defektmodell M2 nach dem Abschalten des Anregungslichtes bei $t = 0$ s.

QSSPC Experiment mit

$$\tau_{\text{QSSPC}} = \frac{\Delta\sigma(t)}{G(t) \cdot (\mu_n + \mu_p) \cdot e} \quad (3.17)$$

und man erhält dadurch für jeden Wert der optischen Generationsrate eine zugehörige Lebensdauer. Die Beweglichkeiten in Gl. 3.17 werden wieder mit dem Modell von LETURCQ ermittelt [15], und aus den berechneten Ladungsträgerkonzentrationen wird die Injektion nach Gl. 3.1 bestimmt.

3.3.3 Simulationsergebnisse

Für die Berechnungen mit dem Defektmodell M1, das jeweils ein reines RKZ als aktiven Defekt enthält, ergab sich eine sehr gute Übereinstimmung der effektiven Lebensdauern. Die Abweichungen der Methoden untereinander lagen bei weniger als 3 %. Dieses Ergebnis ist insofern nicht überraschend, da ein einziges RKZ sozusagen den Idealfall für jede Lebensdauermessmethode darstellt. Die gefundenen sehr niedrigen Abweichungen sind auf die unterschiedliche Methodik der τ Berechnung aus den Photoleitfähigkeitssignalen zurückzuführen. MDP und μ-PCD werten ein transientes Signal aus, bei QSSPC wird eine stationäre Photoleitfähigkeit in eine Lebensdauer umgerechnet.

Die Ergebnisse für das Modell M2 zeigen hingegen deutliche Unterschiede zwischen den einzelnen Methoden. Die berechnete injektionsabhängige Lebensdauer für jedes der Verfahren zeigt Abb. 3.11. Interessant sind an diesen Ergebnissen zwei Dinge: (i) die effektive

3.3 Vergleich von MDP mit QSSPC und μ-PCD

Lebensdauer steigt sowohl bei QSSPC als auch bei MDP bei niedrigen Injektionen an, (ii) für μ-PCD Bedingungen erhält man eine geringere Lebensdauer über den gesamten Injektionsbereich und das, für Haftstellen typische Ansteigen der effektiven Lebensdauer bei Niedriginjektion, wird nicht beobachtet.

Es sei an dieser Stelle noch einmal darauf hingewiesen, dass für alle Simulationsrechnungen dasselbe Defektmodell verwendet wurde. Das Modell enthält ein RKZ (FeB) und eine Elektronenhaftstelle. Offensichtlich verursacht die Elektronenhaftstelle im Modell die Abweichungen zwischen den Methoden, da diese bei Modell M1 nicht zu beobachten sind. Für die MDP Messungen wurde die Erklärung für den Effekt schon in Abschn. 3.2.4 geliefert. Durch die in den Haftstellen getrappten Elektronen entsteht ein Ungleichgewicht von Elektronen und Löchern in den Bändern ($\Delta n \neq \Delta p$) und die langsame thermische Entleerung der Haftstellen resultiert in einem langsamen Abklingen der Photoleitfähigkeit. Infolgedessen misst man bei niedrigen Anregungsintensitäten eine scheinbar längere effektive Lebensdauer. Das Ansteigen der QSSPC Lebensdauer bei niedrigen Injektionen hat die gleiche Ursache, mit dem Unterschied, dass bei QSSPC die erzeugte Überschussladungsdichte Δn gemessen und zur Berechnung von τ_{eff} herangezogen wird. Das Ungleichgewicht $\Delta n \neq \Delta p$ führt zu einem Anstieg der Photoleitfähigkeit im Vergleich zum Trap-freien Fall und dadurch zu einem Anstieg der nach Gl. 3.17 berechneten effektiven Lebensdauer.

Die Erklärung für die gegensätzlichen Ergebnisse der Simulationsrechnungen unter μ-PCD Messbedingungen lassen sich ebenfalls durch den Einfluss der Haftstellen erklären. In Abb. 3.11b ist der Zeitverlauf der Besetzung der Haftstellen mit Elektronen nach dem Abschalten des Anregungslichtes für eine MDP und eine μ-PCD Messung dargestellt. Durch den extrem kurzen Anregungspuls der μ-PCD mit einer Länge von nur 200 ns werden die Haftstellen während des Lichtpulses nicht vollständig gefüllt, sondern das Auffüllen findet auch noch während des ersten Teils der Relaxationsphase ins thermodynamische Gleichgewicht statt. Dies hat zur Folge, dass die Elektronen aus dem Leitungsband nicht nur durch Rekombination mit den Löchern verschwinden, sondern zusätzlich noch unbesetzte Haftstellen auffüllen, was natürlich zu einer kürzeren Abklingzeit τ^* der Photoleitfähigkeit führt. Bei MDP und QSSPC Messungen befindet sich die Probe vor dem Abschalten des Lichtes im stationären Zustand und die Haftstellen haben dadurch entsprechend der eingesetzten Beleuchtungsstärke den maximal möglichen Füllgrad erreicht. Die Konzentration n_T der getrappten Elektronen sinkt daher in jedem Fall nach dem Abschalten des Lichtes. Vereinfacht lassen sich diese Beobachtungen durch den Zusammenhang

$$\tau^* = \tau \left(1 + \frac{dn_T}{dt}\right) \tag{3.18}$$

beschreiben (τ^* Abklingzeit der Photoleitung). Die gemessene Abklingzeit der Photoleitung verkürzt sich, wenn der Rekombinationsprozess durch das Auffüllen der Haftstellen

3 Lebensdauermessung und Defektanalyse

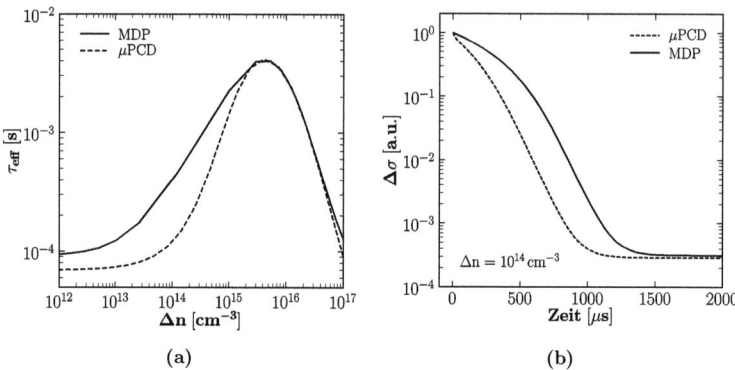

(a) (b)

Abbildung 3.12: (a) Injektionsabhängige Lebensdauer berechnet für eine Verteilung flacher Defekte in der oberen Hälfte der Bandlücke (M3). (b) Berechnete Photoleitfähigkeitstransienten bei einer Injektion von $\Delta n = 10^{14}$ cm^{-3} im stationären Zustand (MDP) und bei Anregung mit sehr kurzen Lichtpulsen (μ-PCD).

verstärkt wird, und die Abklingzeit vergrößert sich, wenn die thermische Entleerung der Haftstellen das Abklingen der Photoleitfähigkeit verzögert. Das Vorzeichen von dn_T/dt bestimmt also, ob eine gemessene effektive Lebensdauer durch den Einfluss der Haftstellen größer oder kleiner wird.

Die Untersuchungen für das Modell führen zu dem Resultat, dass die effektiven Lebensdauern für MDP und QSSPC praktisch identisch sind. Im Folgenden wir daher nur auf den Unterschied zwischen MDP und μ-PCD eingegangen. Abb. 3.12a zeigt die berechnete Injektionsabhängigkeit der effektiven Lebensdauer für die beiden Messverfahren. Auffällig ist, dass eine Verteilung von Defekten, wie sie durch Modell M3 definiert wird, zu einer sehr starken Injektionsabhängigkeit von τ_{eff} über mehr als eine Größenordnung führt. Genau wie im Modell M2 resultiert die Anregung mit kurzen Lichtpulsen der μ-PCD Methode in einem kleineren τ_{eff}. Lediglich bei sehr hohen Anregungsdichten stimmen die Lebensdauern überein. Dies ist zu erwarten, da bei derart hohen Injektionen die Auger-Rekombination dominiert, und der Füllgrad der Störstellen nur noch eine untergeordnete Rolle spielt. Desweiteren tritt der für Haftstellen typische Anstieg der effektiven Lebensdauer bei geringen Injektionen in diesem Modell nicht auf, was darauf zurückgeführt werden kann, dass hier die flachen, haftstellenartigen Zustände selbst als rekombinationsaktive Zentren wirken.

Die Ergebnisse für M3 stellen damit die logische Weiterführung der Ergebnisse von M2 dar. Der Grund der Abweichungen zwischen den Methoden ist wieder die Tatsache,

3.3 Vergleich von MDP mit QSSPC und μ-PCD

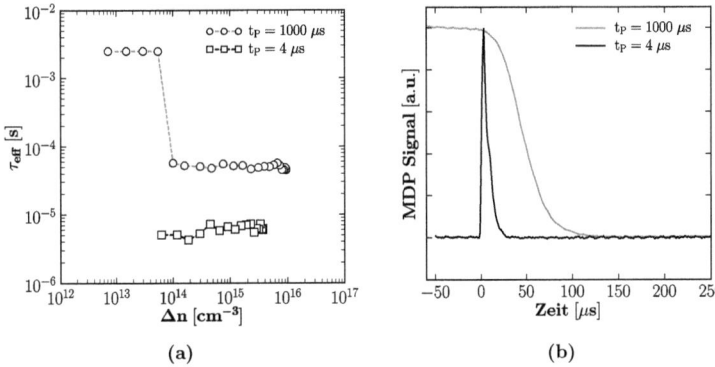

Abbildung 3.13: (a) MDP Messung der injektionsabhängigen Lebensdauer an einer multikristallinen p-Si Probe (1 Ω cm, Solarmaterial) mit unterschiedlichen Anregungspulszeiten t_P. (b) MDP Photoleitfähigkeitstransienten für unterschiedliche Anregungspulse bei einer Injektion von ca. $\Delta n = 10^{15}$ cm^{-3}.

dass sich bei MDP (und QSSPC) die Probe im Gegensatz zur μ-PCD im stationären Zustand befindet und alle Defekte gemäß ihrer Energielage gefüllt sind. Die extreme Injektionsabhängigkeit von τ des Modells M3 führt außerdem zu stark gekrümmten Photoleitfähigkeitstransienten, die in Abb. 3.12b dargestellt sind. In logarithmischer Auftragung ergeben die Signalverläufe beider Messverfahren für Modell M3 keine Gerade, was zu Abweichungen, infolge der unterschiedlichen numerischen Auswerteverfahren der Signale, führt.

Um die Ergebnisse der theoretischen Berechnungen zu untermauern, werden im Folgenden vergleichende Messungen mit den drei analysierten Methoden an identischen Proben durchgeführt.

3.3.4 Messungen mit variabler Anregungspulslänge und Intensität

Abb. 3.13 zeigt die Ergebnisse von MDP Messungen an typischem multikristallinen Solarmaterial, bei denen die Anregungspulslänge variiert wurde. Von der verwendeten Probe war aus vorhergehenden Untersuchungen bekannt, dass sie einen hohen Gehalt an Haftstellen besitzt. Der in den theoretischen Berechnungen vorhergesagte Effekt des Absinkens der Lebensdauer bei der Anregung mit sehr kurzen Lichtpulsen wird durch diese Messungen bestätigt (Abb. 3.13a). Überraschend ist dennoch die Quantität des beobachteten Effektes: die gemessene effektive Lebensdauer ändert sich deutlich um einen Faktor 6-8 und bei der Anregung mit sehr kurzen Lichtpulsen ist keinerlei Hafstelleneinfluss in der Lebensdauerkurve erkennbar. Die beobachteten Transienten unterscheiden sich ebenfalls

3 Lebensdauermessung und Defektanalyse

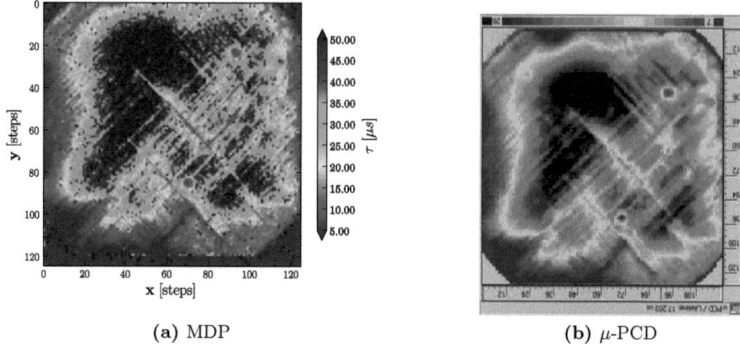

(a) MDP (b) μ-PCD

Abbildung 3.14: (a) MDP Lebensdauertopogramm der Probe P2 aufgenommen mit μ-PCD ähnlichen Messbedingungen (Details siehe Text). (b) μ-PCD Lebensdauertopogramm von Probe P2.

drastisch. Obwohl bei beiden in Abb. 3.13b dargestellten Messungen das Anregungslicht bei $t = 0$ s abgeschaltet wurde, zeigt die anschließende Relaxation der Photoleitung einen sehr unterschiedlichen Zeitverlauf. Es ist offensichtlich, dass derart abweichende Signalformen zu unterschiedlichen Werten der daraus ermittelten effektiven Lebensdauer führen müssen, unabhängig davon, welches numerische Auswerteverfahren für die Ermittlung der effektiven Lebensdauer aus den Transienten angewendet wird.

Für eine genauere Quantifizierung dieser Unterschiede wurden weitere ortsaufgelöste Untersuchungen vorgenommen. Dazu wurden Topogramme der Lebensdauer verschiedener Proben untersucht. Bei Probe P2 handelt es sich um einen p-dotierten multikristallinen Wafer, Probe P1 ist ein monokristalliner Wafer (Cz-Material). Beide Proben besitzen etwa identische Dotierungen ($N_A \approx 8 \cdot 10^{15}$ cm^{-3}) und Waferdicken ($W = 210\,\mu$m), die Oberflächen der Proben wurden mithilfe einer SiN Schicht passiviert. Von beiden Proben wurden mit μ-PCD, QSSPC sowie mit MDP Lebensdauertopogramme erstellt. Bei den MDP Experimenten wurden jeweils zwei Messungen durchgeführt: (i) durch Anregung mit einem Hochleistungslaser und sehr kurzen Pulsen ($G^0 \approx 10^{23}$ cm^{-3} s^{-1}, $t_P = 1\,\mu$s) wurden die Messbedingungen der μ-PCD Methode nachgestellt, (ii) bei geringer Anregungsintensität und langen Lichtpulsen ($G^0 \approx 10^{17}$ cm^{-3} s^{-1}, $t_P = 500\,\mu$s) wurde unter Bedingungen gemessen, die üblicherweise für MDP Messungen verwendet werden.

Die Lebensdauertopogramme der Proben P1 und P2, jeweils gemessen mit μ-PCD und MDP sind in Abb. 3.14 und Abb. 3.15 dargestellt. Die MDP Topogramme wurden wie oben beschrieben mit dem Hochleistungslaser und kurzen Anregungspulsen gemessen. Schon der optische Vergleich der Lebensdauertopogramme zeigt die sehr gute

3.3 Vergleich von MDP mit QSSPC und µ-PCD

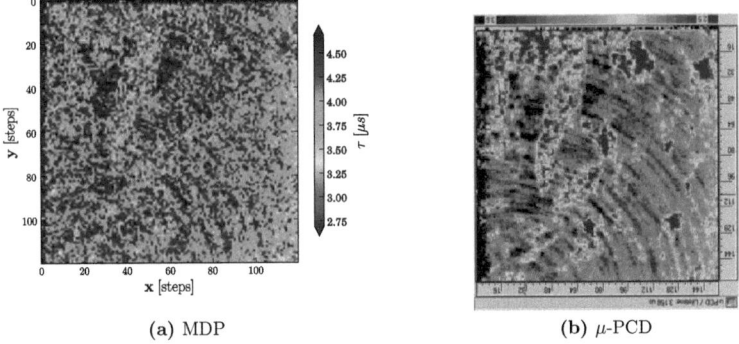

(a) MDP (b) µ-PCD

Abbildung 3.15: (a) MDP Lebensdauertopogramm der multikristallinen Probe P1 aufgenommen mit µ-PCD ähnlichen Messbedingungen (Details siehe Text). (b) µ-PCD Lebensdauertopogramm von Probe P1.

Übereinstimmung der Resultate, selbst in kleinen Details der Topogramme stimmen die beiden Methoden überein. Dies untermauert die vorher aufgestellte These, dass Messungen mit identischen Anregungsbedingungen unabhängig von der Messmethode vergleichbare Resultate liefern. Die Ergebnisse der Auswertung der mittleren Lebensdauern sind in Tab. 3.2 zusammen gefasst. Die mittleren Lebensdauern beider Proben zeigen nur sehr geringe Abweichungen zwischen MDP (kurze Anregungspulse) und µ-PCD. Unterschiede ergeben sich beim Vergleich mit den MDP Messungen, die bei geringerer optischer Generationsrate und langen Lichtpulsen durchgeführt wurden. Bei der Probe P1 (mono-Si) sinkt die mittlere MDP Lebensdauer leicht von $17\,\mu s$ auf $15\,\mu s$, dagegen steigt bei der Probe P2 (multi-Si) die effektive Lebensdauer bei der MDP von $3.2\,\mu s$ auf $7.7\,\mu s$ an. Diese Ergebnisse bestätigen erneut die Vorhersagen aus den Simulationsrechnungen. Bei niedrigen optischen Generationsraten und Anregungsbedingungen, die einen stationären Zustand in der Probe erzeugen, steigt die gemessene Lebensdauer infolge der Trapping-Effekte stark an.

Für einen Vergleich von MDP Messungen mit Ergebnissen der QSSPC Methode ist es ungünstig, Lebensdauertopogramme heran zu ziehen, da die QSSPC Methode nur eine sehr schlechte Ortsauflösung bietet. Aus diesem Grund werden injektionsabhängige Messungen der Lebensdauer miteinander verglichen. Zu beachten ist dabei allerdings, dass es sich bei den QSSPC Daten um Mittelwerte über den gesamten Wafer handelt, wohingegen die MDP Daten aus der Mittelung von Messungen an zwei Punkten gewonnen wurden. Die Ergebnisse des Vergleichs sind in Abb. 3.16 zusammen gefasst. Die effektiven Lebensdauern der multikristallinen Probe (P2) stimmen sehr gut überein. Sowohl

3 Lebensdauermessung und Defektanalyse

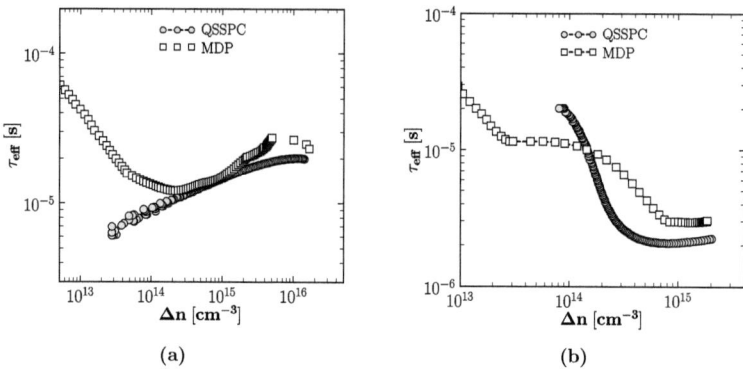

Abbildung 3.16: (b) Injektionsabhängige Lebensdauer der Probe P1 (mono-Si) gemessen mit QSSPC und MDP. (a) Injektionsabhängige Lebensdauer der Probe P2 (mc-Si) gemessen mit QSSPC und MDP.

bei MDP als auch bei QSSPC zeigt sich deutlich der Anstieg der effektiven Lebensdauer bei niedrigen Injektionen, was auf den bereits mehrfach diskutierten Einfluss von Haftstellen im Material zurück zu führen ist. Unterschiede ergeben sich für die monokristalline Probe. Bei dieser stimmen die gemessenen Lebensdauern bei höheren Injektionen ($\Delta n > 5 \cdot 10^{14}\,\mathrm{cm}^{-3}$) im Rahmen der Messgenauigkeit gut überein, bei niedrigen Injektionen ist der typische Anstieg der effektiven Lebendauer infolge der Haftstellen aus den QSSPC Daten nicht erkennbar. Die Anwendung von Anregungslicht mit einem breiten Wellenlängenspektrum bei der QSSPC kann eine Ursache dafür sein. Hintegrundlicht mit einer Quantenenergie, die kleiner als die Bandlücke ist, wird z.B. bei der CDI (Carrier Density Imaging) Technik zur Unterdrückung von Trapping-Effekten bei der Messung der Niedriginjektionslebensdauer eingesetzt [72]. Auch das Spektrum der bei QSSPC eingesetzten Blitzlampe enthält einen hohen Anteil an Licht, dessen Energie kleiner als die Bandlücke des Siliziums ist, so dass die Haftstellen unbeabsichtigt optisch entleert werden können.

In Simulationsrechnungen mit verschiedenen Defektmodellen wurde die effektive Lebensdauer für die verschiedenen experimentellen Bedingungen der MDP, QSSPC und μ PCD Methode untersucht. Sowohl die Modellierungsresultate als auch die Messungen an identischen Proben zeigen, dass eine exakte Übereinstimmung gemessener τ_{eff} Werte nur dann auftritt, wenn die Lebensdauer durch die Rekombination über ein einzelnes Defektzentrum dominiert wird. Andere Defektsituation, insbesondere das Auftreten hinreichend hoher Haftstellenkonzentrationen oder Verteilungen von flachen Defekten in der

3.3 Vergleich von MDP mit QSSPC und μ-PCD

	MDP (typ.)	MDP (kurz)	μ-PCD	QSSPC
Pulszeit	500.0 μs	1.0 μs	0.2 μs	–
$G^0\,[\mathrm{cm^{-3}\,s^{-1}}]$	$\approx 10^{19}$	$8 \cdot 10^{22}$	$1 \cdot 10^{23}$	–
$\bar{\tau}_\mathrm{eff}$ P1	15 μs	17 μs	19 μs	14 μs*
$\bar{\tau}_\mathrm{eff}$ P2	7.7 μs	3.2 μs	3.9 μs	2.6 μs*

Tabelle 3.2: Mittlere Lebensdauern der Proben P1 und P2, gemessen mit verschiedenen berührungslosen Methoden. Die mit * gekennzeichneten Werte wurden bei einer Injektion von $\Delta n = 10^{15}\,\mathrm{cm^{-3}}$ aus der Injektionsabhängigkeit von τ_eff bestimmt, die die QSSPC liefert.

Bandlücke, führen zu deutlich verschiedenen Ergebnissen bei der Bestimmung von τ_eff. Dies wurde sowohl theoretisch begründet, als auch mit Messungen unterlegt und es wurde deutlich, dass die Details der optischen Anregung (Pulslänge, Anregungsspektrum, Intensität) erheblichen Einfluss auf die Messung der effektiven Lebensdauer haben. Erfolgen Messungen allerdings unter vergleichbaren Injektionsbedingungen, stimmen die gemessenen Werte der effektiven Lebensdauer der MDP Methode sehr gut mit denen der μ-PCD und QSSPC Untersuchungen überein.

Generell ist festzustellen, dass nur die Analyse der Injektionsabhängigkeit der Lebensdauer ausreichend Informationen zur Bewertung der gemessenen effektiven Lebensdauer als Qualitätsparameter liefert. Bei Messungen mit einem festen Injektionsniveau besteht immer die Gefahr, dass τ_eff durch den Einfluss von Haftstellen verfälscht wird, und die Qualität eines untersuchten Materials unter- oder überbewertet wird.

3.4 Quantitative Bestimmung der Eisenkonzentration in p-Si mit MDP

Von besonderer technologischer Bedeutung bei der Charakterisierung von Halbleitersilizium ist die Konzentrationsbestimmung verschiedener Übergangsmetalle. Mittels DLTS und durch Neutronenaktivierungsanalyse konnten die elektrischen Eigenschaften einer Vielzahl von Störstellen, die durch Metalle verursacht werden, ermittelt werden [88]. Von aktuellem Interesse ist dies insbesondere, da z.B. in der Solarindustrie immer kostengünstigeres Material zum Einsatz kommen soll oder Verunreinigungen bei laufender Produktion nachgewiesen werden sollen [33]. Es ist bei diesen Anwendungen von besonderem Interesse, dass die Untersuchungsergebnisse zeitnah geliefert werden. Der Einsatz von berührungslosen Methoden bietet daher vor allem im Vergleich zur DLTS einen deutlichen Vorteil in der Analysegeschwindigkeit.

Die besondere Bedeutung des Eisens resultiert aus der Natur der durch dieses Element verursachten Defekte. Wie bereits in Abschn. 3.1.2 beschrieben, tritt Eisen in zwei unterschiedlichen Konfiguration im Silizium auf. Einerseits kann Eisen eine Verbindung mit dem Dotierstoff Bor eingehen, und sogenannte Eisen-Bor-Paare (FeB) bilden, andererseits wird es als interstitielles Eisen (Fe_i) auf einem Zwischengitterplatz eingebaut. Eine Möglichkeit, die Eisenkonzentration durch direktes Anpassen gemessener injektionsabhängiger Lebensdauern mit einem geeigneten Modell zu bestimmen, wurden in dieser Arbeit bereits diskutiert. Dieses Verfahren funktioniert aber nur dann zuverlässig, wenn Eisen das dominierende Rekombinationszentrum darstellt. Von ZOTH u.a. wurde daher ein Verfahren vorgeschlagen, das die licht- oder temperaturinduzierte Aufspaltung von Eisen-Bor-Paaren ausnutzt [91]. Eisen bildet in Bor-dotiertem Silizium vorrangig Eisen-Bor-Paare. Durch Bestrahlung mit hochenergetischem Licht oder einer Probentemperung bei $T > 200°C$ werden die Eisen-Bor-Paare aufgespalten und in interstitielles Eisen umgewandelt. Dies geht mit einer Veränderung der Eigenschaften der zugehörigen Rekombinationszentren einher und führt auch dann zu einer Veränderung in der effektiven Lebensdauer, wenn Eisen nicht das dominierende Rekombinationszentrum ist. ZOTH u.a. schlugen vor, statt der absoluten Lebensdauer die Differenz der inversen Lebensdauern, bzw. die Differenz der inversen Diffusionlängen, vor und nach der FeB-Spaltung als Maß für die Eisenkonzentration zu benutzen (Gl. 3.19)

$$[Fe] = C \left(\frac{1}{\tau_{\text{FeB}}} - \frac{1}{\tau_{\text{Fei}}} \right) = A \left(\frac{1}{L_{\text{FeB}}^2} - \frac{1}{L_{\text{Fei}}^2} \right) \quad (3.19)$$

(L Diffusionslänge, D_n Diffusionskonstante der Elektronen, $[Fe]$ Eisenkonzentration, C Kalibrierfaktor, $A = C \cdot D_n$). Der Vorteil dieses Vorgehens besteht darin, dass der Ein-

3.4 Quantitativer Eisennachweis in p-Si

Defekt	E_T [eV]	σ_n [cm]^2	σ_p [cm]^2	$\kappa = \frac{\sigma_n}{\sigma_p}$	Methode	Lit.
Fe_i	$E_V + 0.38$	5×10^{-14}	7×10^{-17}	714	IDLS	[41, 42]
- " -	$E_V + 0.395$	3.6×10^{-15}	–	51	TDLS, IDLS	[59]
FeB	$E_C - 0.23$	3×10^{-14}	2×10^{-15}	15	IDLS	[41, 42]
- " -	$E_C - 0.29$	2.5×10^{-15}	3×10^{-14}	0.09	SPV, Elymat	[87]
- " -	$E_C - 0.26$	2.5×10^{-15}	5.5×10^{-15}	0.45	TDLS, IDLS	[59]

Tabelle 3.3: Energielagen und Einfangsquerschnitte der relevanten Defekte von FeB und Fe_i in p-dotiertem Silizium (Literaturdaten).

fluss anderer Rekombinationskanäle, wie der Oberflächenrekombination, eliminiert wird. Treten andere Rekombinationskanäle neben dem Eisen auf, so beeinflusst dies nur die Empfindlichkeit des Verfahrens, nicht aber dessen prinzipielle Anwendbarkeit.

Es ist allerdings notwendig, den Kalibrierfaktor C in Gl. 3.19 zu kennen, um eine quantitative Eisenbestimmung durchführen zu können. ZOTH bestimmte C experimentell, indem er Proben mit bekannter Eisenkonzentration untersuchte und er erhielt für den Kalibrierfaktor einen Wert von $C = 1.06 \times 10^{16}\,\mu m^2\,cm^{-3}$. Dieser experimentell gefundene Wert des Kalibrierfaktors gilt nur für Messungen bei niedrigen Injektionen ($\Delta n < 10^{14}\,cm^{-3}$) und für Silizium mit einem Widerstand im Bereich von 5 bis 15 Ω cm. Dies schränkt die Nutzbarkeit der Technik stark ein, so dass von MACDONALD das Verfahren erweitert wurde, um es über den gesamten Injektionsbereich und für beliebige Dotierungen nutzbar zu machen [43]. Dabei wurden einfache Modellierungen mithilfe der SRH-Theorie verwendet, um den Kalibrierfaktor C der Eisenbestimmung für die entsprechenden experimentellen Parameter zu ermitteln. Seither wird diese Methode der Eisenbestimmung sowohl in kommerziellen Anwendungen als auch in der Forschung für die Untersuchung von Eisen in Silizium eingesetzt. Technologisch ist die Thematik sehr interessant, so dass es viele aktuelle Bemühungen gibt, Methoden für einen schnellen und zerstörungsfreien Eisennachweis zu implementieren, wobei auch andere Messverfahren wie Photolumineszenz (PL) oder Infrared-Lifetime-Mapping (ILM) eingesetzt werden [47].

Erste Experimente zur Realisierung eines Eisennachweises mit MDP wurden bereits von DORNICH durchgeführt, allerdings konnte mithilfe dieser Untersuchungen keine Konzentrationsbestimmung vorgenommen werden [16]. Für die Umsetzung des Eisennachweises nach der Methode von ZOTH ist es notwendig, die Werte für den Kalibrierfaktor C zu bestimmen. Falls die Dotierung einer untersuchten Probe konstant ist und Dotierungsschwankungen innerhalb der Probe vernachlässigt werden können, muss bei einer Messung lediglich die Injektionsabhängigkeit von C beachtet werden. Dieses Problem wird auch in kommerziellen Anwendungen oft nicht ausreichend beachtet, und hat seine Ursache

3 Lebensdauermessung und Defektanalyse

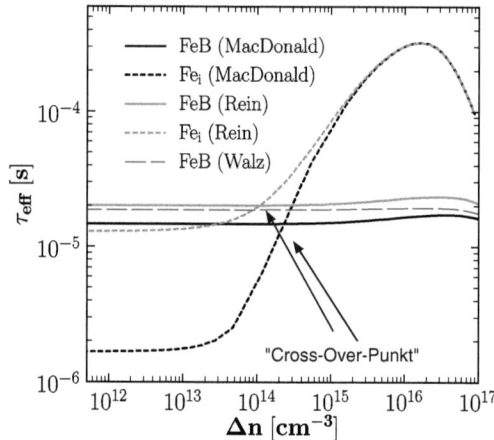

Abbildung 3.17: Berechnete Injektionsabhängigkeit der Lebensdauer für die Literaturdaten der verschiedenen Eisen Störstellen aus Tab. 3.3 ($T = 297\,\text{K}$, $N_A = 5 \cdot 10^{15}\,\text{cm}^{-3}$, $[Fe] = 2 \cdot 10^{12}\,\text{cm}^{-3}$).

darin, dass bei den gängigen Lebensdauermessmethoden im Experiment die optische Generationsrate G^0 vorgegeben wird. Für ortsaufgelöste Messungen der Eisenkonzentration ist aber i.a. die durch eine optische Anregung an jedem Punkt einer Probe erzeugte Injektion Δn verschieden und die Verwendung eines einzigen konstanten Kalibrierfaktors für die gesamte Probe muss zu Fehlern bei der Eisenbestimmung führen. Zusätzlich soll untersucht werden, inwiefern die besonders im multikristallinen Material vorhandenen Haftstellen den Eisennachweis beeinflussen, um optimale Messparameter für eine quantitative Eisenbestimmung mit MDP zu finden.

3.4.1 Berechnung des Kalibrierfaktors C für den Eisennachweis

Um für die MDP Messungen geeignete Werte für den Kalibrierfaktor C zu finden, werden diese mithilfe des Simulationsprogrammes berechnet. Dabei wird eine Vorgehensweise gewählt, die auf den Ideen von MACDONALD u.a. basiert [43], diese aber in wesentlichen Punkten erweitert.

Die Werte für den Kalibrierfaktor C erhält man, indem für ein beliebiges Defektmodell, welches Eisen-Bor-Paare enthält, die injektionsabhängige Lebensdauer berechnet. Anschließend ersetzt man im Defektmodell FeB durch interstitielles Eisen, und berechnet die injektionsabhängige Lebensdauer bei ansonsten konstanten Parametern erneut. Da die im Modell eingesetzte Eisenkonzentration bekannt ist, kann man durch Umstellen

3.4 Quantitativer Eisennachweis in p-Si

von Gl. 3.19 die gesuchten Werte für C berechnen. Durch Variation von Dotierung, Temperatur, der Konzentration von zusätzlichen Haftstellen im Defektmodell oder anderen Simulationsparametern lassen sich alle relevanten Einflussgrößen auf den Eisennachweis untersuchen.

Für derartige Simulationsrechnungen müssen die Eigenschaften der durch Eisen verursachten Störstellen hinreichend gut bekannt sein. Tab. 3.3 gibt eine Übersicht über aus der Literatur bekannte Defektparameter für FeB und Fe_i. In Abb. 3.17 sind die aus diesen Defektparametern berechneten injektionsabhängigen Lebensdauern für typische MDP Messbedingungen dargestellt. Infolge des höheren Symmetriefaktors κ zeigt die Lebensdauerkurve von interstitiellem Eisen eine sehr viel höhere Injektionsabhängigkeit als die der Eisen-Bor-Paare. Bei Niedriginjektion ist Fe_i ein stärkeres Rekombinationszentrum als FeB, was zu einer niedrigeren Lebensdauer führt. Bei hohen Injektionen steigt die Lebensdauer des interstitiellen Eisens jedoch stark an, wodurch sich ein charakteristischer Kreuzungspunkt der Lebensdauerkurven beobachten lässt. Dieser sogenannte "Cross-Over" Punkt tritt bei Raumtemperatur bei einer Injektion von $\Delta n \approx 2 \cdot 10^{14}\,\mathrm{cm}^{-3}$ auf, und seine Lage hängt nur schwach von der Dotierung des Materials ab [46]. Aus der Darstellung in Abb. 3.17 wird deutlich, wie drastisch C von der Injektion abhängt. Werden Messungen bei Injektionen unterhalb des Cross-Over-Punktes durchgeführt, verkleinert sich bei der Umwandlung von FeB in Fe_i die Lebensdauer. Oberhalb des Cross-Over-Punktes wird die Lebensdauer bei der FeB-Spaltung dagegen größer, was zu einer Änderung des Vorzeichens von C führt. Bei den ursprünglich mit der SPV durchgeführten Bestimmung von C durch ZOTH spielte dies keine Rolle, da die SPV Methode nur im Niedriginjektionsbereich arbeitet.

Es wurde in dieser Arbeit bereits gezeigt, dass die mit MDP gemessenen effektiven Lebensdauern bei niedrigen Injektionen anfällig für Verfälschungen durch Trapping-Effekte sind. Daher ist es wünschenswert, für die Eisenbestimmung mit MDP bei Injektionen oberhalb des Cross-Over-Punktes und außerhalb der Trapping-Effekte zu arbeiten. In diesem Bereich ist der Unterschied der Lebensdauern vor und nach der FeB Spaltung jedoch sehr stark injektionsabhängig, was eine sehr hohe Injektionsabhängigkeit von C zur Folge hat.

Der Kehrwert des Kalibrierfaktors C aus Gl. 3.19 ist ein Maß für die Empfindlichkeit der Eisendetektion, weshalb in den folgenden Darstellungen $1/C$ und nicht C selbst abgebildet wird. Es ist weiterhin ersichtlich, dass die Empfindlichkeit des Eisennachweises in der Nähe des Cross-Over-Punktes gegen Null geht und man wird bei Messungen versuchen, diesen Injektionsbereich zu vermeiden.

In Abb. 3.18 sind die Ergebnisse der Berechnung des Kalibrierfaktors für verschiedene Dotierungen und für den Einfluss von Haftstellen auf die Empfindlichkeit des Eisennach-

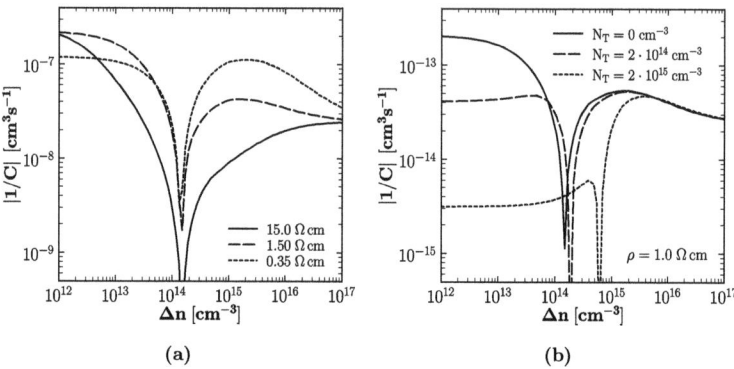

Abbildung 3.18: (a) Berechnete Injektionsabhängigkeit des Kalibrierfaktor C für die Eisenbestimmung vom Probenwiderstand. Für eine übersichtlichere Darstellung wird der Betrag von $1/C$ gezeigt. (b) Verlauf des Kalibrierfaktors bei einem Probenwiderstand von $1\,\Omega\,\text{cm}$ (typisch für Solarmaterial) für unterschiedliche Haftstellenkonzentrationen N_T.

weises dargestellt. Die Berechnungen wurden für Raumtemperatur (297 K) durchgeführt und es wurde davon ausgegangen, dass durch die Eisen-Bor-Paar Spaltung 100 % des FeB in Fe_i umgewandelt werden. In der Literatur werden durchaus Werte diskutiert, die niedriger liegen, weshalb die hier vorgestellten Ergebnisse eine Modellierung unter Optimalbedingungen darstellen. Als Defektparameter wurden die von MACDONALD ermittelten Werte verwendet [41]. Aus den Ergebnissen in Abb. 3.18 erhält man wichtige Information für die Realisierung des Eisennachweises mit MDP so verringert sich die Empfindlichkeit des Eisennachweises bei steigender Dotierung im Injektionsbereich unterhalb des Cross-Over-Punktes und die Empfindlichkeit steigt für Injektionen oberhalb des Cross-Over-Punktes an. Dies bedeutet, dass für die Untersuchung von niederohmigen Proben, wie z.B. Solarmaterial, schon aus diesem Grund Messungen bei hohen Injektionen vorzuziehen sind.

Die Berechnungen des Kalibrierfaktors mit einer zusätzlichen Haftstelle im Defektmodell führen zu zwei wesentlichen Ergebnissen.

(i) Haftstellen reduzieren die Empfindlichkeit des Eisennachweises bei niedrigen Injektionen drastisch (Abb. 3.18b). Dies ist ein elementarer Unterschied zu dem oft diskutierten Fall, dass neben Eisen noch weitere Rekombinationszentren in der Probe enthalten sind. Solche zusätzlichen RKZ haben keinen Einfluss auf den Eisennachweis, da durch die Verwendung der Differenz der inversen Lebensdauern (Gl. 3.19) tatsächlich nur der Anteil der FeB-Spaltung an der Lebensdaueränderung berücksichtigt wird. Die größere effektive Lebensdauer, die durch Haftstellen bei niedrigen Injektionen mit MDP gemessen wird,

3.4 Quantitativer Eisennachweis in p-Si

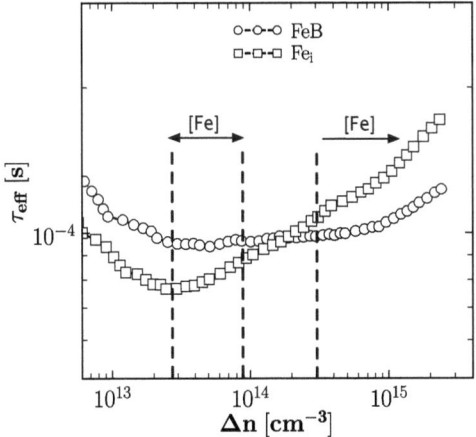

Abbildung 3.19: Eisenbestimmung durch Messung der Injektionsabhängigkeit der effektiven Lebensdauer mit MDP. Das Beispiel zeigt die Messergebnisse der 100 ppb Probe (Details siehe Text), für die Konzentrationsberechnung wurden nur die gekennzeichneten Bereiche verwendet.

ist jedoch nur eine scheinbare Erhöhung, die nichts mit einer tatsächlichen Änderung von τ_{eff} zu tun hat (vgl. Abschn. 3.2.3). Dadurch hat eine Umwandlung von FeB in Fe_i auch nur minimale Auswirkungen auf die gemessenen Zeitkonstanten und die Empfindlichkeit des Eisennachweises verschlechtert sich deutlich.

(ii) Der Cross-Over-Punkt in den gemessenen Lebensdauerkurven verschiebt sich zu höheren Injektionen. Die Ursache dafür ist die Erhöhung der Löcherkonzentration im Valenzband durch die getrappten Elektronen. Da Fe_i einen sehr hohen Symmetriefaktor κ besitzt, wirkt sich eine Erhöhung der Löcherkonzentration bei diesem Defekt besonders stark aus. Die starke Injektionsabhängigkeit der Lebensdauer des Fe_i bei hohen Injektionen hat ihre Ursache in der geringen Einfangrate des Defektes für Löcher (vgl. Tab. 3.3). Werden durch eine hohe Konzentration an besetzten Haftstellen zusätzliche Löcher generiert, führt dies zu einer erhöhten Rekombination des Fe_i bei hohen Injektionen und damit zu einer Verschiebung des Cross-Over-Punktes.

3.4.2 Eisenbestimmung durch injektionsabhängige Messung der Ladungsträgerlebensdauer

Die ersten erfolgreichen Experimente zur Konzentrationsbestimmung des Eisens in Silizium mittels MDP wurden mit gezielt kontaminierten Proben aus hochwertigem elektro-

3 Lebensdauermessung und Defektanalyse

Probe	1 ppb	10 ppb	100 ppb	1000 ppb	
MDP	$\approx (5 \pm 3) \times 10^9$	1.3×10^{10}	7.8×10^{10}	5.6×10^{11}	[cm^{-3}]
DLTS	1.1×10^{10}	5.9×10^{10}	1.0×10^{11}	1.6×10^{12}	[cm^{-3}]
μ-PCD	–	–	5.7×10^{10}	7.5×10^{11}	[cm^{-3}]

Tabelle 3.4: Gemessene Eisenkonzentrationen der gezielt kontaminierten Proben. Zur Kontrolle der MDP Ergebnisse wurden die Eisenkonzentrationen an den gleichen Proben ebenfalls mittels DLTS ermittelt.

nischem Silizium durchgeführt. Das Basismaterial der präparierten Proben besaß einen spezifischen Widerstand von ca. 30 Ω cm, die Wafer wurden durch thermisches Oxid oberflächenpassiviert und besaßen eine Dicke von $W = 680\,\mu$m. Die Proben wurden mithilfe der Spin-On Technik kontaminiert [30]. Bei den in Tab. 3.4 angegeben Eisenkonzentrationen in ppb handelt es sich um die Eisenkonzentration der Lösungen, die für die Kontamination der Proben verwendet wurden, der tatsächlich in den Proben enthaltene Eisengehalt wurde zum Vergleich mit den MDP Resultaten mittels DLTS bestimmt. Abb. 3.19 zeigt die gemessene Injektionsabhängigkeit der effektiven Labensdauer vor und nach dem Spalten der Eisen-Bor-Paare einer Probe. Für die Berechnung der Eisenkonzentration wurden nur die Messwerte aus den in der Grafik angegebenen Injektionsbereichen genutzt. Im Bereich sehr niedriger Injektionen wird τ_{eff} durch den Einfluss von Haftstellen verfälscht, was am starken Anstieg der Lebensdauerwerte erkennbar ist. Eine Verschiebung des Cross-Over-Punktes wird aufgrund der niedrigen Haftstellenkonzentration in diesem Beispiel nicht beobachtet. Der Kreuzungspunkt liegt bei einer Injektion von $2 \cdot 10^{14}\,\text{cm}^{-3}$, dies entspricht dem von MACDONALD angegeben Wert.

Die Ergebnisse der DLTS Messungen stimmen gut mit den Resultaten der MDP Eisenbestimmung überein, wenngleich auch festzustellen ist, dass die mit DLTS bestimmten Konzentrationen über denen der Lebensdauermethoden liegen. Dies ist ein Hinweis darauf, dass die Spaltung der FeB in den Experimenten unvollständig war. Die Ergebnisse machen deutlich, dass eine quantitative Eisenbestimmung mittels MDP möglich ist und dass die Resultate im Rahmen der erreichbaren Messgenauigkeit mit denen der DLTS übereinstimmen. Die Resultate der μ-PCD Kontrollmessungen beider Proben mit der höchsten Eisenkontamination bestätigen die MDP Resultate nochmals.

3.4.3 Ortsaufgelöste Messung der Eisenkonzentration

Zur Demonstration der Möglichkeit ortsaufgelöster Messungen der Eisenkonzentration mit MDP wurde monokristallines Cz-Si aus der Solarzellenherstellung verwendet. Von diesen Proben war bekannt, dass sie mit hoher Wahrscheinlichkeit einen erhöhten Eisengehalt aufweisen. Die Proben wurden mit einer SiN-Schicht passiviert und besaßen eine

3.4 Quantitativer Eisennachweis in p-Si

Dicke von 210 μm. Die verwendete optische Generationsrate während der Messung war konstant und bekannt, die Dotierung des Materials betrug $N_A \approx 2 \cdot 10^{15}$ cm^{-3}. Auf Grund der im letzten Abschnitt durchgeführten theoretischen Untersuchungen wird für die ersten ortsaufgelösten Messungen der Eisenkonzentration mit MDP folgende Vorgehensweise verwendet:

1. Die optische Anregung (Pulslänge, Anregungsintensität) wird so gewählt, dass bei der Messung an jedem Punkt des Topogrammes eine Injektion $\Delta n > 10^{15}$ cm^{-3} gewährleistet ist. Damit werden Empfindlichkeitsverluste durch den Einfluss von Haftstellen und durch die haftstellenbedingte Verschiebung des Cross-Over-Punktes vermieden.

2. Nach der Aufnahme eines Topogrammes wird mithilfe einer intensiven Photoblitzlampe die Eisen-Bor-Paar Spaltung durchgeführt und von der Probe erneut ein ortstreues Topogramm gemessen.

3. Für jeden Pixel i des Topogrammes wird unter Verwendung der Näherung $\Delta n_i = \tau_{\text{eff}\,i} \cdot G^0$ die Injektion bestimmt und der Kalibrierfaktor C_i aus einer entsprechenden Simulationsrechnung ermittelt.

4. Nach Gl. 3.19 wird dann die Eisenkonzentration für jeden Punkt des Topogrammes unter Verwendung des jeweiligen C_i ermittelt.

Die ersten Ergebnisse eines so gemessenen MDP Topogramms der Eisenkonzentration zeigt Abb. 3.20. Auffällig ist die hohe Eisenkonzentration von $[Fe] > 10^{13}$ cm^{-3} in den Randbereichen des untersuchten Wafers, aber es können auch viele Details der Eisenkonzentration im Zentrum der Probe sichtbar gemacht werden. Die gemessene Lebensdauer bei dieser Probe variierte innerhalb des Wafers zwischen ca. 3 μs und 50 μs. Da die MDP Messungen bei konstanter optischer Anregung durchgeführt werden, führt eine solche Schwankung zu Unterschieden in der Injektion von über einer Größenordnung an den verschiedenen Messpunkten innerhalb des Wafers. Es ist einleuchtend, dass unter solchen Bedingungen nicht mit einem konstanten Kalibrierfaktor gearbeitet werden kann. Die durchschnittliche Eisenkonzentration, berechnet mit individuellen Werten für C für jeden Pixel, der Probe beträgt $[Fe]_{\text{avg}}^{C,var} = 1.1 \cdot 10^{11}$ cm^{-3}. Die Berechnung mit einem konstanten C für die gesamte Probe ergibt eine Konzentration von $[Fe]_{\text{avg}}^{C,const} = 6.8 \cdot 10^{11}$ cm^{-3}, d.h. die Verwendung eines konstanten Wertes für C führt in diesem Beispiel zu einer drastischen Unterbewertung der Materialqualität.

3.4.4 Zusammenfassung

In diesem Abschnitt wurde gezeigt, dass die ursprünglich von ZOTH u.a. für die Anwendung mit SPV Messungen entwickelte Methode des Eisennachweises auf MDP Messungen

3 Lebensdauermessung und Defektanalyse

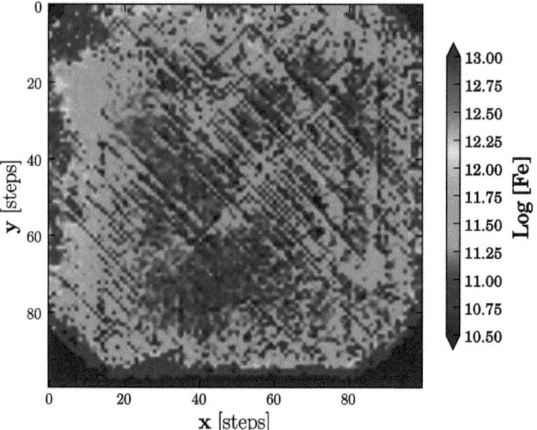

Abbildung 3.20: Topogramm der Eisenkonzentration eines $10\,\Omega\,\mathrm{cm}$ mono-Si Wafers (Solarmaterial). Die Eisenkonzentration für jeden Pixel wurde aus zwei MDP Lebensdauertopogrammen, gemessen vor und nach der Spaltung von FeB berechnet.

übertragen werden kann. Der für eine quantitative Bestimmung der Eisenkonzentration notwendige Kalibrierfaktor wurde aus entsprechenden Simulationsdaten gewonnen, wobei gezeigt wurde, dass die Empfindlichkeit des Eisennachweises sehr stark von der Probedotierung und von der Haftstellenkonzentration im Material abhängt. Die gefundene Abhängigkeit des "Cross-Over" Punktes der Lebensdauerkurven bei der Eisenbestimmung hat indes noch weitere Konsequenzen. Vielfach wird der Kreuzungspunkt der Lebensdauerkurven als Kalibrierung für den Injektionsbereich einer Messmethode verwendet. Ein solches Vorgehen ist aufgrund der hier vorliegenden Ergebnisse als äußerst problematisch zu betrachten.

Die gewonnenen Ergebnisse wurden anschließend eingesetzt, um an kontaminiertem Silizium die Eisenkonzentration zu bestimmen und um die Realisierbarkeit einer ortsaufgelösten Konzentrationsbestimmung zu demonstrieren. Die Ergebnisse wurden durch DLTS- und μ-PCD Messungen bestätigt. Die Genauigkeit der Konzentrationsbestimmung hängt dabei stark von der genauen Kenntnis der bei der Messung tatsächlich erzeugten Überschussladungsträgerdichte Δn ab. Bei den hier gezeigten Beispielen lässt sich diese sehr genau aus der gemessenen Lebensdauer und der (bekannten) optischen Generationsrate berechnen, da es sich um dünne Proben mit sehr gut passivierten Oberflächen handelt. Für eine Verallgemeinerung der Methodik sind aber aufwändigere Betrachtungen notwendig, mit denen sich der folgende Abschnitt beschäftigt.

4 Untersuchung der MDP Photopulshöhe

Ein entscheidender Vorteil der MDP gegenüber anderen kontaktlosen Untersuchungsmethoden ist die Möglichkeit, neben der effektiven Lebensdauer die Photoleitfähigkeit von Halbleiterproben zu untersuchen. Aufgrund des neuartigen Detektionssystems der MDP ist dies mit einer Empfindlichkeit möglich, die bisher nur von Elektronenspinresonanzexperimenten bekannt ist. Die Methode besitzt dadurch das Potenzial, durch eine Kombination von Messungen der Lebensdauer und Photoleitfähigkeit wichtige Materialparameter wie die Beweglichkeit der Ladungsträger oder die Diffusionslänge direkt zu bestimmen. Erste Ansätze dazu wurden bereits in der einführenden Arbeit von DORNICH präsentiert [16], allerdings konnten dort keine quantitativen Aussagen über die entsprechenden Größen getroffen werden. Außerdem wurde bereits in Abschn. 3.2 dieser Arbeit deutlich, dass der Einfluss von Haftstellen auf die gemessenen MDP Photopulshöhen bei der Interpretation entsprechende experimenteller Ergebnisse bisher zu wenig beachtet wurde.

Für eine Weiterentwicklung der bisherigen grundlegenden Experimente zu quantitativen Analysewerkzeugen müssen eine Reihe von Voraussetzungen geschaffen werden. Einerseits muss der Einfluss von verschiedensten Defekten auf die Photoleitfähigkeitssignale detailliert modelliert werden. Dafür wurde im vorangegangen Kapitel die Simulation entsprechender Defektsysteme mithilfe von Ratengleichungen vorgestellt und ausführlich diskutiert. Andererseits ist es notwendig, quantitativ verwertbare Informationen über die Empfindlichkeit von eingesetzten MDP Apparaturen zu gewinnen. Speziell stellt sich die Aufgabe, für eine gegebene experimentelle Anordnung den genauen Zusammenhang zwischen gemessener MDP Signalhöhe und der tatsächlich im Material erzeugten Leitfähigkeitsänderung zu bestimmen. In Abschn. 4.1 wird ein universell einsetzbares Kalibrierverfahren für diesen Zweck vorgestellt. Das Verfahren ist Voraussetzung für die in Abschn. 4.2 präsentierte neue Methode der Haftstellencharakterisierung. Diese ermöglicht erstmals die quantitative Bestimmung von Konzentration und Energielage sowie eine Abschätzung des Einfangsquerschnittes von Haftstellen aus MDP Messungen bei konstanter Temperatur, womit für dieses Verfahren ein deutlich geringerer experimenteller Aufwand notwendig ist, als dies die üblichen MD-PICTS Messungen erfordern.

Wie in Abschn. 3.4 bereits deutlich wurde, sind für eine quantitative Auswertung von MDP Signalen genaue Informationen über die tatsächlich in der Probe erzeugte Injekti-

4 Untersuchung der MDP Photopulshöhe

on, also die Anzahl der optisch generierten Überschussladungsträger pro Volumeneinheit, zwingend erforderlich. Insbesondere bei Proben, die eine hohe Oberflächenrekombination aufweisen oder bei der Untersuchung von sehr dicken Proben spielt dies eine stärkere Rolle. Erste experimentelle Ergebnisse deuten darauf hin, dass das Zusammenwirken der ortsabhängigen Verteilung der Ladungsträger mit der Mikrowellenstrahlung in die Betrachtungen mit einbezogen werden muss (siehe Abschn. 4.1). Die vorgestellten Verfahren sollen zum einen helfen, einen Zugang zu den bisher beobachteten experimentellen Ergebnissen zu finden und gleichzeitig die Grundlagen für spezifischere Untersuchungen zu legen, die über den Rahmen dieser Arbeit hinaus gehen. Zu diesem Zweck wird die Simulationsumgebung erweitert, so dass ortsabhängige Modellierungen der Ladungsträgerverteilung durchgeführt werden können. Aufgrund der Aktualität der Methode ist bisher kaum Literatur zu diesem Thema verfügbar. Bei verwandten Messverfahren konnten durch derartige Berechnungen jedoch bereits viele der auftretenden Messeffekte erklärt werden [40, 70], so dass die Anwendung der Untersuchungen auf die MDP Methode sinnvoll ist.

Eine technologisch besonders interessante Variante stellt die Untersuchung von unpassivierten, multikristallinen Siliziumblöcken dar. Anhand erster Messergebnisse an diesem Material werden verschiedene Effekte, bei denen sowohl die Oberflächenrekombination als auch die Eindringtiefe der Mikrowelle relevante Beiträge liefern, diskutiert und wertvolle Informationen für zukünftige Optimierungen der Apparaturen und der experimentellen Bedingungen gewonnen.

4.1 Messung absoluter Photoleitfähigkeiten am Beispiel p-dotierten Siliziums

Die Standardmethode für die Durchführung von MDP Messungen hat, trotz ihrer vielen Vorteile, einen großen Nachteil gegenüber der klassischen, kontaktbehafteten PICTS Methode. Die Photoleitfähigkeit wird zwar hoch empfindlich durch die Verstimmung eines Mikrowellenresonators gemessen, man erhält jedoch immer nur eine relative Änderung der Leitfähigkeit des Materials im Vergleich zur Leitfähigkeit ohne Beleuchtung. Die in MDP Apparaturen verwendeten Mikrowellendetektoren liefern üblicherweise ein Spannungssignal (in $[V]$) proportional zur anliegenden Mikrowellenleistung und man misst daher die Leitfähigkeitsänderung nicht in der "richtigen" Einheit $[1/\Omega\,\text{cm}]$. Wie aus den vorherigen Abschnitten ersichtlich ist, liefert die Auswertung der Zeitabhängigkeit einer MDP Messung auch ohne genaue Kenntnis über den Absolutwert der erreichten Photoleitfähigkeit die gewünschten Informationen über die Trägerlebensdauer τ. Aus den gemessenen Photopulshöhen können aber auf diese Weise nur reine Kontrastdarstellungen für die Topografie ermittelt werden.

Die Messung einer absoluten Photoleitfähigkeit ist aus verschiedenen Gründen wünschenswert. In die Höhe der Photoleitfähigkeit geht neben der Ladungsträgerlebensdauer noch deren Beweglichkeit und Informationen über evtl. vorhandene Haftstellen ein. Das in Abschn. 4.2 vorgestellte Verfahren zur Haftstellencharakterisierung nutzt diesen Umstand diesen Umstand aus und setzt daher eine absolute Messung der Photoleitfähigkeit voraus. Des Weiteren ist die Messung der Amplitude einer erzeugten Photoleitung messtechnisch mit sehr viel höherer Genauigkeit möglich, indem z.B. das sogenannte Lock-In Verfahren eingesetzt wird.

Ein weiterer wichtiger Parameter eines Halbleitermaterials ist dessen Minoritätsträgerdiffusionslänge

$$L_\text{n} = \sqrt{D_\text{n} \cdot \tau_\text{n}} \qquad (4.1)$$

(D_n Diffusionskonstante der Minoritätsträger, τ_n Minoritätsträgerlebensdauer). Für die Diffusionskonstante lässt sich durch die Einstein-Beziehung ein Ausdruck finden.

$$D_\text{n} = \frac{\mu_\text{n} \cdot k \cdot T}{e} \qquad (4.2)$$

Ist das bei einer MDP Messung erzeugte Injektionsniveau hoch genug, so dass man $\Delta n = \Delta p$ setzten kann ($\Delta n \gg n_\text{T,L}$), kann aus der gemessenen Photopulshöhe die Diffusionslänge und damit auch die Beweglichkeit der Ladungsträger berechnet werden [16]. Allerdings ist auch hierzu eine Messung der absoluten Photoleitfähigkeit notwendig, um zu quantitativen Aussagen zu gelangen. In diesem Abschnitt wird daher ein Verfahren

4 Untersuchung der MDP Photopulshöhe

vorgestellt, das eine Kalibrierung von MDP Messplätzen und dadurch die Messung der Photoleitfähigkeit in den korrekten Einheiten realisiert.

Bevor im Weiteren ein Lösungsweg für die beschriebenen Aufgabe erarbeitet wird, soll eine kurze qualitative Diskussion der MDP Signalhöhen erfolgen. Wie bereits in den physikalischen Grundlagen in Kapitel 2 dargestellt wurde, ist das gemessene MDP Signal proportional zur absorbierten Mikrowellenleistung in der Probe. Im allgemeinen Fall lässt sich diese durch Integration über das vom Mikrowellenfeld erfasste Probenvolumen

$$P_{\text{abs}} = \frac{1}{2} \iiint\limits_{\text{Probe}} \sigma(\vec{r}) \cdot \left| \vec{E}(\vec{r}, \sigma(\vec{r})) \right|^2 \, \mathrm{d}^3 r \qquad (4.3)$$

berechnen [90, 81]. Vor jedem elementaren Messvorgang werden nun allerdings Mikrowellenfrequenz und Ankopplung der Probe nachgeregelt, um das Detektorsignal vor dem Lichtpuls zu Minimieren. Durch den Lichtpuls wird dann nur noch die Änderung $\Delta\sigma(\vec{r})$ wirksam und das MDP Signal ist proportional zur Änderung der absorbierten Mikrowellenleistung.

$$\sigma(\vec{r}) \rightarrow \Delta\sigma(\vec{r}) \implies P_{\text{abs}} \rightarrow \Delta P_{\text{abs}} \qquad (4.4)$$

Bei der Betrachtung von Gl. 4.3 wird sofort klar, das die gemessenen Signalhöhe für eine bestimmte geometrische Anordnung von Mikrowellenresonator und Probe von mehreren Faktoren abhängt:

1. Da sich die Probe bei MDP Messungen ausserhalb des Mikrowellenresonators befindet und die elektrische Ankopplung durch den Teil des Mikrowellenfeldes bewirkt wird, der durch die Iris in der Cavity nach aussen gelangt, sind Größe und Position der Iris in der Cavity und die daraus resultierende Feldverteilung vor dem Loch relevant. Die MDP Signalhöhe hängt also im allgemeinen vom Design des verwendeten Mikrowellenresonators ab.

2. Wesentlich für die Signalhöhe ist weiterhin die elektrische Feldstärke innerhalb der untersuchten Probe. Das bedeutet, dass sowohl der Abstand der Probe zum Cavityloch als auch die Eindringtiefe (Skintiefe) des Mikrowellenfeldes in die Probe Einfluss auf die Signalintensität besitzen. Verwendet man dünne Proben mit ausreichend hohem Widerstand kann das elektrische Feld in der Probe als konstant betrachtet werden.

3. Relevant für die Signalintensität sind weiterhin nur die vom elektrischen Feld erfassten Überschussladungsträger. Treten inhomogene Ladungsträgerverteilungen auf, so führt dies natürlich zu einer entsprechend inhomogenen Leitfähigkeit der Probe, was z.B. bei dicken oder schlecht passivierten Proben auftritt. Durch die Messung mit

4.1 Messung absoluter Photoleitfähigkeiten

dem Mikrowellenfeld wird als Gesamtsignal ein Mittelwert der lokalen Ladungsträgerkonzentrationen gemessen.

4. In diesem Zusammenhang steht auch der Einfluss des Durchmessers der beleuchteten Probenfläche, die zur optischen Anregung genutzt wird. Da über das von der Mikrowelle erfasste Volumen integriert wird, führt eine Vergrößerung der beleuchteten Fläche zu einem höheren MDP Signal da insgesamt mehr Ladungsträger von der Mikrowelle erfasst werden. Dies darf nicht mit einer Erhöhung des Signals durch eine größere Ladungsträgerdichte bei konstanter Größe der beleuchteten Fläche durch Anlegen einer höheren optische Generationsrate verwechselt werden.

5. Die Dotierung des untersuchten Halbleitermaterials ist einer der stärksten Einflussfaktoren. Dies soll kurz am Bsp. eines p-dotierten Materials erläutert werden. Durch die Ionisierung der eingebrachten Akzeptoren N_A existieren im thermodynamischen Gleichgewicht p_0 freie Löcher im Material und diese erzeugen auf Grund ihrer Beweglichkeit eine Dunkelleitfähigkeit σ_d. Relevant für das MDP Signal ist nur die relative Änderung $\Delta\sigma/\sigma_d$, hervorgerufen durch die Erzeugung von zusätzlichen Ladungsträgern mit dem Lichtpuls. Ist das Material sehr stark dotiert (z.B. $N_A \approx 10^{16}\,\text{cm}^{-3}$) ändert eine lichtgenerierte Injektion von z.B. $\Delta n = 10^{14}\,\text{cm}^{-3}$ die Dunkelleitfähigkeit kaum ($\sigma_d \gg \Delta\sigma$). Das MDP Signal ist in diesem Fall klein und die Empfindlichkeit der Apparatur gering.

Der umgekehrte Fall tritt bei schwach dotierten, hochohmigen Proben auf. Selbst kleinste Änderung der Ladungsträgerkonzentration durch Licht bewirken eine große Änderung der Probenleitfähigkeit ($\Delta\sigma \gg \sigma_d$) was zu vergleichsweise hohen MDP Signalen bei niedrigen Injektionen führt und einer exzellenten Empfindlichkeit entspricht.

Die Dotierung des Halbleitermaterials spielt noch in einem anderen Zusammenhang eine Rolle. Die Dotierstoffkonzentration bestimmt die Beweglichkeit der Ladungsträger in jedem Material, da ionisierte Dotierstoffatome effiziente Streuzentren für die freien Ladungsträger darstellen. Bei niederohmigen Material sind daher die Werte für μ_n und μ_p niedriger als für hochohmiges Material, was zusätzlich zu einer Verschlechterung des $\Delta\sigma/\sigma_d$ führt. Gleiches gilt für Proben von hochkompensierten Halbleitern, die zwar einen hohen spezifischen Widerstand aber auch eine z.T. sehr hohe Gesamtkonzentration an ionisierten Störstellen besitzen.

Der Einfluss der konkreten Apparatur, also des Cavitydesigns, der Lichtspotgröße und der Feldverteilung, ist keineswegs als nachteilig zu betrachten. Eine breite Einsatzfähigkeit und die Anpassung der MDP Methode an verschiedenste, spezialisierte Aufgabenstellungen wird durch die vielfältigen Designvarianten erst ermöglicht. Im Vordergrund der weiteren Untersuchungen soll nicht die Optimierung der MDP Apparatur für einen spe-

4 Untersuchung der MDP Photopulshöhe

ziellen Anwendungszweck stehen, sondern es soll ein allgemeingültiges Kalibrierverfahren vorgestellt werden, das dann auf alle MDP Apparaturen gleichermaßen anwendbar ist.

4.1.1 Theoretischer Hintergrund des Kalibrierverfahrens

In diesem Abschnitt werden die Grundidee des Kalibrierverfahrens dargestellt und die theoretischen Hintergründe und Voraussetzungen für dessen Anwendbarkeit geliefert. Für die Herleitung des Verfahrens werden folgende Annahmen gemacht: (i) der Halbleiter ist homogen dotiert und nicht entartet, Volumenlebensdauer sowie die Ladungsträgerbeweglichkeiten sind nicht ortsabhängig, Probendotierung und die Beweglichkeiten sind bekannt (ii) es handelt sich um dünne Proben mit guter Oberflächenpassivierung, so dass in guter Näherung die gemessene effektive Lebensdauer der Volumenlebensdauer entspricht ($\tau_{\text{eff}} \approx \tau_{\text{b}}$), (iii) das Injektionsniveau ist ausreichend hoch und Ladungsneutralität ($\Delta n = \Delta p$) ist gewährleistet, (iv) die Zeitdauer der Anregungspulses garantiert einen stationären Zustand ($G = U$) und die verwendete optische Generationsrate ist bekannt, (v) die Ausdehnung der Probe und des Generationslichtfleckes rechtfertigen die Vernachlässigung von Diffusionsvorgängen im stationären Zustand.

Das an einer MDP Apparatur gemessene Signal S_{MDP} ist proportional zur Änderung der Probenleitfähigkeit $\Delta\sigma$.

$$S_{\text{MDP}} = k \cdot \Delta\sigma \qquad (4.5)$$

k ist dabei ein, noch nicht bekannter und im Weiteren zu ermittelnder, Proportionalitätsfaktor, der eine Umrechnung des MDP Signals in die korrekten Einheiten ermöglicht. Gl. 4.5 ist gleichzeitig die Definition von k, der im weiteren Verlauf auch als Kalibrierfaktor bezeichnet wird. Im allgemeinen hängt k von all den Einflussgrößen ab, die im letzten Abschnitt diskutiert worden sind. Der Wert von k ist ein Maß für die Empfindlichkeit der MDP Apparatur, denn je größer k ist, umso höher wird das detektierte MDP Signal bei einem gegebenem $\Delta\sigma$. Es soll in diesen Betrachtungen vorrangig die Abhängigkeit des Kalibrierfaktors und damit der Empfindlichkeit von der Dotierung und von der Injektion diskutiert werden. Der Kalibrierfaktor wird demnach als Funktion

$$k = f(N_{\text{A}}, \Delta n) \,. \qquad (4.6)$$

aufgefasst. Wie kann k nun für einen gegebenen experimentellen Aufbau ermittelt werden? Sind alle Vorraussetzungen für die Kalibrierung erfüllt, so lässt sich die Injektion aus der gemessenen effektiven Lebensdauer und der optischen Generationsrate berechnen.

$$\Delta n = \tau_{\text{eff}} \cdot G^{\text{o}} \qquad (4.7)$$

4.1 Messung absoluter Photoleitfähigkeiten

Probe	Dicke [μm]	Widerstand [$\Omega\,cm$]	Dotierung [$\times 10^{15}$ cm^{-3}]
K1 (ec-Si)	681.2	36.7	0.364
G1-1 (ec-Si)	683.8	27.6	0.468
G1-2 (ec-Si)	682.4	21.2	0.635
G1-3 (ec-Si)	683.0	23.7	0.567
Fz (ec-Si, Float Zone)	647.3	445.0	0.029
KO-1 (ec-Si)	787.0	15.8	0.854
KO-2 (ec-Si)	786.0	12.0	1.120
KO-3 (ec-Si)	783.8	91.0	0.146
B9 (mc-Si)	216.0	1.68	8.580
W3 (mc-Si)	204.4	2.40	5.880
W8 (mc-Si)	204.4	1.27	11.60

Tabelle 4.1: Probenübersicht der Experimente zur Untersuchung der Dotier- und Injektionsabhängigkeit des Kalibrierfaktors für MDP Apparaturen.

Auf Grund der Ladungsneutralität lässt sich als nächster Schritt die durch die Injektion Δn hervorgerufene Leitfähigkeitsänderung berechnen.

$$\Delta \sigma_{\text{calc}} = \Delta n \cdot (\mu_\text{n} + \mu_\text{p}) \cdot e \tag{4.8}$$

Dafür wird sowohl die Dotierstoffkonzentration der verwendeten Probe, als auch ein geeignetes Beweglichkeitsmodell benötigt, da die Beweglichkeiten der Ladungsträger i.a. stark von diesen Größen und zusätzlich noch von der Temperatur abhängen.

$$\mu_\text{n} = f(N_\text{A}, \Delta n, T) \;,\;\; \mu_\text{p} = f(N_\text{A}, \Delta n, T) \tag{4.9}$$

Der Kalibrierfaktor k lässt sich nun aus Gl. 4.5 bestimmen, der Quotient aus dem gemessenen MDP Signal und der über Lebensdauer bestimmten berechneten Leitfähigkeitsänderung ist die gesuchte Größe.

$$k = \frac{S_{\text{MDP}}}{\Delta \sigma_{\text{calc}}} \tag{4.10}$$

Mit dieser Methode lässt sich k für verschiedene Proben und unter verschiedenen Injektionsbedingungen bestimmen. Es sei an dieser Stelle nochmals darauf hingewiesen, dass diese Methode nicht allein auf Silizium beschränkt ist. Sind die beschriebenen Voraussetzungen erfüllt, lässt sich das Verfahren auf jedes Halbleitermaterial übertragen.

4 Untersuchung der MDP Photopulshöhe

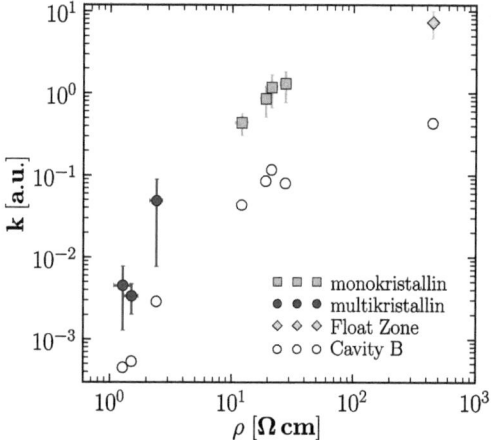

Abbildung 4.1: Ergebnisse der Bestimmung des Kalibrierfaktors k bei einer Injektion von $\Delta n_{avg} = 1 \cdot 10^{15}\,\text{cm}^{-3}$ für verschieden p-dotierte Siliziumproben. Die Daten wurden durch Messungen mit zwei verschiedenen Mikrowellenresonatoren gewonnen, die gefüllten Symbole repräsentieren Daten der Messungen mit Cavity A, die leeren Symbole sind Daten der gleichen Proben gemessen mit Cavity B.

4.1.2 Auswertung der Messergebnisse an p-Si

Es wurden Proben in einem Widerstandsbereich von ca. $1\ldots 500\,\Omega\,cm$ untersucht, eine genaue Übersicht der verwendeten Proben gibt Tab. 4.1. Alle Proben waren beidseitig mit thermischem Oxid passiviert. Es wurden sowohl Proben von einkristallinem, elektronischem Silizium als auch typische multikristalline Siliziumproben aus der Solarzellenproduktion für die Experimente heran gezogen, um eine möglichst aussagekräftige Probenvariation zu gewährleisten. An alle Proben wurden mittels MDP Lebensdauermessungen durchgeführt, als Lichtquelle diente ein IR Festkörperlaser mit einer Wellenlänge von $\lambda = 976\,\text{nm}$. Die optische Leistung konnte durch einen entsprechenden Attenuator im Bereich von ca. $P_{opt} = 7 \cdot 10^{-2}\ldots 8 \cdot 10^{-8}\,\text{W}$ variiert werden und alle Messungen wurden mit einem konstanten Spotdurchmesser von $d = 1\,\text{mm}$ durchgeführt. Daraus ergeben sich optische Generationsraten im Bereich von ca. $G^0 = 5 \cdot 10^{20}\ldots 6 \cdot 10^{14}\,\text{cm}^{-3}\,\text{s}^{-1}$. Die Zeitdauer des Anregungslichtpulses betrug 1.5 ms, so dass auch bei den Proben mit hohen Lebensdauern (Float-Zone Si) das Erreichen eines stationären Zustandes sichergestellt wurde. Alle Proben waren mit Bor als Dotierstoff dotiert, der Widerstand der Proben wurde mit einem Vier-Spitzen-Messplatz von Süss/Keithley gemessen und daraus die effektive Akzeptorkonzentration Na über gängige Umrechnungstabellen ermittelt [32].

4.1 Messung absoluter Photoleitfähigkeiten

Für die Ermittlung der k-Faktoren wurden für alle Proben über den gesamten verfügbaren Bereich der Anregungsintensität die MDP Signale gemessen. Aus der Transiente nach dem Ende des Lichtpulses wurde über die Methode der linearen Regression die effektive Ladungsträgerlebensdauer bestimmt und für die Ermittlung der Photopulshöhe wurde der Mittelwert der letzten 0.1 ms des Anregungspulses herangezogen. Die Auswertung erfolgte nur in höheren Injektionsbereichen, in denen die Lebensdauerbestimmung offensichtlich nicht mehr durch Trapping-Effekte verfälscht wurde. Die k-Faktoren wurden anschließend für jede Probe und jede Injektion berechnet. Um einen Eindruck über den Einfluss verschiedener Geometrien der verwendeten Cavity zu gewinnen, wurden die Messungen an jeder Probe mit jeweils zwei Mikrowellenresonatoren durchgeführt, die im Folgenden mit Cavity A und B bezeichnet werden. Beide Resonatoren wurden so eingestellt, dass ihre Resonanzfrequenzen $\omega_A = 9.75\,\text{GHz}$ und $\omega_B = 9.79\,\text{GHz}$ betrugen und damit praktisch identisch waren. Die Hauptunterschiede lagen in der Größe der Iris und in der technischen Realisierung der Mikrowelleneinkopplung in den Resonator. Die exakten Details spielen in diesem Zusammenhang jedoch keine Rolle, es sollte durch den Vergleich der Messungen mit unterschiedlichen Resonatoren ausgeschlossen werden, dass die Messergebnisse durch die Bauart des Resonators qualitativ verändert werden.

Bei der Auswertung der aus den Messdaten gewonnenen Werte für k fällt auf, dass diese eine, wenn auch schwache, Abhängigkeit von der Injektion Δn zeigen. Es ist festzustellen, dass k, also die Empfindlichkeit der MDP Apparatur, mit steigender Injektion leicht abnimmt. Aus diesem Grunde wurde für die Auswertung der Dotierabhängigkeit der Mittelwert der berechneten Empfindlichkeiten im Bereich von $\Delta n = 2 \cdot 10^{14} \ldots 8 \cdot 10^{14}\,\text{cm}^{-3}$ für jede der p-Si Proben heran gezogen. Das Ergebnis dieser Berechnungen zeigt Abb. 4.1. Der systematische Zusammenhang der ermittelten Empfindlichkeiten ist offensichtlich und entspricht voll den im Vorfeld geäußerten Erwartungen. Da k nach Gl. 4.5 definiert ist, entspricht ein großer Wert für k einer hohen Empfindlichkeit der Apparatur für eine bestimmte Überschussladungsträgerkonzentration Δn. Die Empfindlichkeit der verwendeten MDP Apparatur ist bei der 445 $\Omega\,cm$ Fz-Probe etwa um das 3.5 fache besser als bei den niederohmigen, multikristallinen Proben aus der Solarzellenproduktion. Die Messungen mit Cavity B reproduzieren im Rahmen der Messgenauigkeit den Verlauf der Daten von Cavity A, sind jedoch um einen konstanten Faktor zu kleineren Werten verschoben. Dies bedeutet, dass Cavity B generell eine geringere Empfindlichkeit als Cavity A aufweist, die prinzipiellen Abhängigkeiten bleiben aber erhalten und hängen nicht von der Bauart der Mikrowellencavity ab. Dies ist für die Anwendung der MDP ein wichtiges Ergebnis, da es belegt, das einerseits durch das Design der Cavity die Empfindlichkeit einer Anlage verbessert werden kann und andererseits dadurch die gemessenen Signale qualitativ nicht verändert werden. Aus Abb. 4.1 kann man abschätzen, dass Cavity A eine etwa 8-10 fach höhere Empfindlichkeit aufweist als Cavity B, was einen recht beeindruckenden

Gewinn an Nachweisempfindlichkeit darstellt.

Weiterhin ist die Abhängigkeit der Empfindlichkeit von der Dotierung der Probe offensichtlich kein linearer Zusammenhang, was eine weitere wichtige Erkenntnis aus den durchgeführten Untersuchungen darstellt. Eine Linearität ist aus mehreren Gründen auch nicht zu erwarten. Zum Einen verkleinert sich die Beweglichkeit der Ladungsträger mit steigender Dotierung. Dies führt dazu, dass das Produkt $\Delta n \cdot (\mu_n + \mu_p)$ stark von der Dotierung abhängt und mit steigender Dotierung kleiner wird. Ein weiterer Grund sind die relativen Widerstandsänderungen der Proben bei der Injektion von $\Delta n_{avg} = 1 \cdot 10^{15}\,\text{cm}^{-3}$. Für die Herleitung der Theorie der Mikrowellenresonatoren wird die Störungstheorie erster Ordnung verwendet. Bei hochohmigen Proben kann die Widerstandsänderung und damit die Störung des Gesamtsystems allerdings nicht mehr als "klein" betrachtet werden und es spielen auch die höheren Glieder des Störungsansatzes eine Rolle, womit bereits aus Sicht der Cavity-Theorie nichtlineare Effekte relevant werden [Ref. Cavity Theo, Störungstheorie].

Weitere wertvolle Einblicke in die physikalischen Zusammenhänge, die Einfluss auf die MDP Signalhöhe ausüben, liefert die Auswertung der Injektionsabhängigkeit der Kalibrierfaktoren. In Abb. 4.2 sind exemplarisch die Kalibrierfaktoren dreier Proben in Abhängigkeit von der Überschussladungsträgerdichte dargestellt. Auffällig ist die Beobachtung, dass bei allen untersuchten Proben die Kalibrierfaktoren mit steigender Injektion kleiner werden. Am deutlichsten tritt dieser Effekt bei den hochohmigen Float-Zone Proben zutage, bei denen sich der Kalibrierfaktor im Injektionsbereich zwischen $1 \cdot 10^{15}$ und $5 \cdot 10^{16}\,\text{cm}^{-3}$ um beinahe eine Größenordnung verkleinert.

Generell bedeutet das Absinken der k Werte bei hohen Injektionen einen Empfindlichkeitsverlust der Anlage, oder anders ausgedrückt, die gemessenen Photopulshöhen sind niedriger, als es die aus der gemessenen Lebensdauer berechnete Injektion Δn vermuten lässt. Da diese Abweichung nur bei hohen Injektionen auftritt, kommen für die Erklärung verschiedene Möglichkeiten infrage: (i) der relative Unterschied zwischen gemessener effektiver Lebensdauer τ_{eff} und der tatsächlichen Volumenlebensdauer ändert sich bei hohen Injektionen, (ii) die von der Mikrowelle detektierte Ladungsträgerkonzentration ist bei hohen Injektionen geringer als die tatsächlich vorhandene, (iii) die aus τ_{eff} berechnete Leitfähigkeitsänderung wird im Hochinjektionsfall infolge eines fehlerhaften Beweglichkeitsmodelles zu hoch.

Die Möglichkeit eines fehlerhaften Beweglichkeitsmodelles kann praktisch ausgeschlossen werden, da bei hohen Injektionen die Ladungsträger-Ladungsträger Streuung den dominierenden Streuprozess für die Beweglichkeit darstellt. Dieser Prozess ist theoretisch sehr gut modellierbar und die verwendeten Beweglichkeitsmodelle liefern Werte, die bei hohen Injektionen sehr gut mit Beweglichkeitsmesswerten übereinstimmen [62, 15].

Ein systematischer Fehler in der Lebensdauermessung bedarf einer ausführlicheren Diskussion. Grundsätzlich kann mit jeder MDP Messung nur die effektive Lebensdauer τ_{eff} ge-

4.1 Messung absoluter Photoleitfähigkeiten

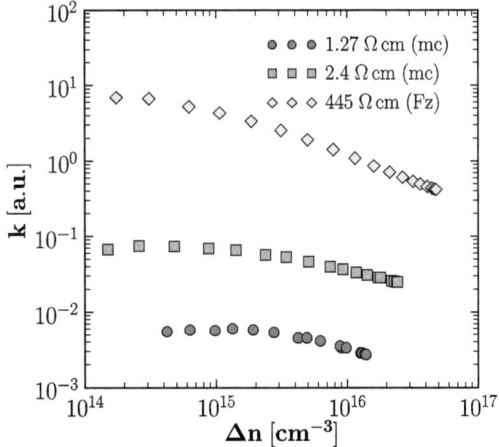

Abbildung 4.2: Injektionsabhängigkeit des Kalibrierfaktors k für ausgewählte p-Si Proben, gemessen mit der Mikrowellencavity A. Bei allen Proben ist ein Absinken von k bei hohen Injektionen zu beobachten.

messen werden, die angesichts der stets vorhandenen Rekombination von Ladungsträgern an der Probenoberfläche in jedem Fall kleiner als die tatsächliche Volumenlebensdauer der Probe ist (siehe Abschn. 2.2.2). Die Oberflächen der Proben für diese Untersuchungen wurden zwar mit thermischem Oxid in einem Hochtemperaturprozess passiviert, dies bedeutet jedoch nicht, dass man ohne genauere Prüfung $\tau_{\text{eff}} \approx \tau_b$ setzen darf. SCHMIDT hat in seiner grundlegenden Arbeit über Rekombinationsprozesse an Siliziumoberflächen [66, Kap. 6] ein Verfahren vorgestellt, das eine Abschätzung des Fehlers der gemessenen effektiven Lebensdauern durch die Oberflächenrekombination erlaubt. Die hier vermessenen Proben weisen effektive Lebensdauern im Bereich von $50\,\mu s$ (Solarmaterial) bis weit über $300\,\mu s$ (Float-Zone Material) auf. Wendet man das von SCHMIDT vorgeschlagene Kriterium der Prüfung des Quotienten $q = \tau_{\text{eff}}/W$ (W Probendicke) an, so ergeben sich für diese Proben allesamt Werte für q, die oberhalb von $0.3\,\text{s/m}$ liegen. Solche hohen Werte für q zeigen, dass der Fehler beim Gleichsetzen von τ_{eff} mit τ_b über $10\,\%$ liegt. Anders betrachtet bedeutet dies, dass die Oberflächenrekombination trotz der Passivierung nicht vernachlässigt werden darf.

Für diese Untersuchungen ist vor allem die Abhängigkeit der ORG S von der Injektion von Interesse. Ebenfalls von SCHMIDT, aber auch von GLUNZ und STEPHENS wurden umfangreiche Untersuchungen zur Injektionsabhängigkeit $S(\Delta n)$ an SiO_2 passivierten Siliziumoberflächen durchgeführt [3, 84, 66]. Alle der genannten Autoren konnten

4 Untersuchung der MDP Photopulshöhe

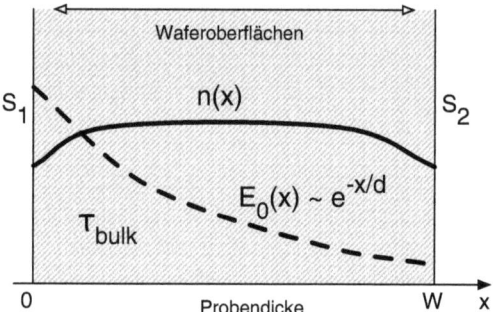

Abbildung 4.3: Schematische Darstellung eines Wafers im elektrischen Feld einer MDP Apparatur. Infolge der Oberflächenrekombination an Vorder- und Rückseite (S_1, S_2) kommt es zur Ausbildung eines Ladungsträgerträgerprofils $n(x)$. Das elektrische Feld der Mikrowelle E_0 wird in einer Probe mit zunehmender Tiefe immer schwächer.

übereinstimmend eine Abnahme der Oberflächenrekombinationsgeschwindigkeit mit steigender Injektion bei SiO_2 passiviertem Material nachweisen. Zieht man als Beispiel die von SCHMIDT gemessenen Daten an 1.5 Ω cm p-Si heran, so zeigen die Messwerte eine Verringerung von S beim Übergang von Niedrig- ($\Delta n = 10^{13}\,\text{cm}^{-3}$) zu Hochinjektion ($\Delta n = 10^{16}\,\text{cm}^{-3}$) von $S \approx 200\,\text{cm/s}$ auf $S \approx 30\,\text{cm/s}$. Eine derartige Verringerung von S verursacht bei einer Volumenlebensdauer von beispielsweise 100 µs eine Erhöhung der gemessenen effektiven Lebensdauer von $\tau_{\text{eff}} \approx 40\,\mu\text{s}$ bei Niedriginjektion auf $\tau_{\text{eff}} \approx 80\,\mu\text{s}$ unter Hochinjektionsbedingungen. Diese Vergrößerung von τ_{eff} um den Faktor 2 (!) führt zu einem Anstieg der berechneten Leitfähigkeitsänderung $\Delta\sigma_{\text{calc}}$ und damit zu einer Verkleinerung von k bei hohen Injektionen, genau wie es in den hier durchgeführten Untersuchungen beobachtet wird. Die Injektionsabhängigkeit von S liefert also eine qualitative Erklärung, bei genauerer Betrachtung stellt sich jedoch heraus, dass k vor allem bei hochomigen Proben viel stärker absinkt als mit der Injektionsabhängigkeit von S alleine zu erklären ist. Es muss daher noch ein weiterer physikalischer Effekt einen Einfluss auf die Empfindlichkeit der MDP Apparatur ausüben.

Eine weitere mögliche Erklärung für die Verringerung der Empfindlichkeit bei hohen Injektionen kann durch eine genauere Betrachtung der Eindringtiefe der Mikrowelle gegeben werden. Bei den bisherigen Betrachtungen wurde stets davon ausgegangen, dass die zur Messung verwendete Mikrowellenstrahlung die untersuchte Probe komplett durchdringt, und dadurch alle im Volumen der Probe vorhandenen Überschußladungsträger gleichermaßen zum Messsignal beitragen. Die Eindringtiefe d der Mikrowelle in die Probe

4.1 Messung absoluter Photoleitfähigkeiten

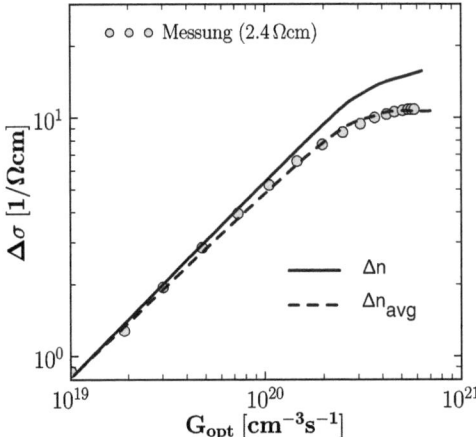

Abbildung 4.4: Gemessene und berechnete MDP Photopulshöhen eines multikristallinen p-Si Wafers. Für die Berechnung der durchgezogenen Linie wurde Δn verwendet, die gestrichelte Linie wurde mit dem mittleren Δn_{avg} nach Gl. 4.12 berechnet. Für beide Rechnungen wurden die gemessenen τ_{eff} und injektionsabhängige Beweglichkeiten nach [15] verwendet.

lässt sich mithilfe des Skineffektes berechnen (Gl. 4.11),

$$d = \frac{1}{\sqrt{\pi \, \omega \, \mu_0 \, \mu_r \, \sigma}} \qquad (4.11)$$

wobei ω die Mikrowellenfrequenz, μ_0 die Permeabilitätskonstante des Vakuums, μ_r die relative Permeabilitätszahl des Materials und σ die Leitfähigkeit des Materials ist. Die sogenannte Skintiefe d gibt dann die Tiefe an, bei der die einfallende Mikrowellenleistung auf den 1/e-ten Teil abgefallen ist. Bei typischen Waferdicken im Bereich von einigen 100 Mikrometern, der verwendeten Mikrowellenfrequenz von ca. 10 GHz und nicht zu hohen Dotierungen ($N_A \leq 10^{16}\,\text{cm}^{-3}$) ist die Eindringtiefe deutlich größer als die Waferdicke.

Bei hohen Injektionen kann die Eindringtiefe aber wesentlich kleiner als die Dicke der Probe werden, da durch die hohe Konzentration der Überschußladungsträger ($\Delta n \gg 10^{16}\,\text{cm}^{-3}$) die Leitfähigkeit des Materials sehr hoch wird. Die elektrische Feldstärke des Mikrowellenfeldes verkleinert sich dann schon innerhalb des Wafer merklich und erfasst deswegen nicht mehr gleichmässig das komplette Probenvolumen. Die in diesem Fall von der Mikrowelle erfasste mittlere Ladungsträgerkonzentration Δn_{avg} lässt sich durch den

4 Untersuchung der MDP Photopulshöhe

gewichteten Mittelwert über die gesamte Probendicke W berechnen,

$$\Delta n_{\text{avg}} = \frac{\int_0^W \Delta n(x) \text{w}(x)\, \text{d}x}{\int_0^W \text{w}(x)\, \text{d}x} \tag{4.12}$$

wobei als Wichtungsfunktion eine Exponentialfunktion der Form $\text{w}(x) = e^{-x/d}$ verwendet wird in die die Skintiefe d als Parameter eingeht. $\Delta n(x)$ in Gl. 4.12 ist die eindimensionale ortsabhängige Überschussladungsträgerkonzentration, die als näherungsweise konstant über die Waferdicke angenommen wird. Diese Annahme ist für dünne Proben und gut passivierte Oberflächen gerechtfertigt und die Gl. 4.12 kann für eine Korrektur der berechneten Photoleitfähigkeiten σ_{calc} herangezogen werden.

In Abb. 4.4 sind die Ergebnisse einer Berechnung am Beispiel einer multikristallinen Siliziumprobe dargestellt. Die gemessenen Photopulshöhen im stationären Zustand sind bei hohen Beleuchtungsstärken kleiner, als es die Berechnungen mit Δn aus der gemessenen Lebensdauer, der optischen Generationsrate und dem bei ca. $\Delta n = 10^{16}\,\text{cm}^{-3}$ ermittelten k ergeben. Verwendet man hingegen eine über die Probendicke gemittelte Injektion Δn_{avg}, reproduzieren die Berechnungen die beobachteten Werte der Photopulshöhe sehr gut. Dies bedeutet, dass die Nachweisempfindlichkeit einer MDP Anlage bei hohen Injektionen infolge der Verdrängung des Mikrowellenfeldes aus der Probe geringer ist als bei niedrigen Injektionen. Dies stellt eine prinzipielle Eigenschaft aller mikrowellenbasierten Messverfahren dar, und hängt infolge des Skin-Effektes von der Frequenz der zur Messung verwendeten Hochfrequenzstrahlung ab.

Die Anwendung des vorgestellten Kalibrierverfahrens wurde in diesem Abschnitt am Beispiel von p-dotiertem Silizium demonstriert. Die Eingangs diskutierten Abhängigkeiten der MDP Signale im stationären Zustand konnten experimentell bestätigt werden. Die beobachtete Verringerung der Empfindlichkeit der MDP Apparatur kann durch die Verringerung der Eindringtiefe der Mikrowelle in die Probe bei hohen Injektionen erklärt werden, wobei ebenfalls die Rolle der Injektionsabhängigkeit der ORG für die beobachteten Effekte diskutiert wurde. Die Diskussion ergab, dass die beobachteten Effekte nicht allein durch den systematischen Fehler infolge der ORG zu erklären ist. Es wurde dargelegt, dass mit dem vorgestellten Kalibrierverfahren eine Umrechnung der apparaturspezifischen MDP Signalhöhen in Photoleitfähigkeitssignale, gemessen in $\Omega^{-1}\,\text{cm}^{-1}$, realisiert werden kann. Es wurde weiterhin nachgewiesen, dass sich durch die Anwendung des Prinzips der gemittelten Überschussladungsträgerkonzentration Δn_{avg} die Genauigkeit des Verfahrens wesentlich verbessern lässt.

4.2 Charakterisierung von Haftstellen mit injektionsabhängigigen MDP Messungen

Im Abschn. 3.2 wurden die grundlegenden Effekte der Besetzung von Haftstellen während der Lichtanregung bei MDP Messungen diskutiert. Die scheinbare Erhöhung der Lebensdauer und die Vergrößerung der gemessenen Photoleitfähigkeit bei niedrigen Injektionen konnten dadurch erstmals im Detail erklärt werden.

In diesem Abschnitt werden die durch Haftstellen hervorgerufenen Effekte gezielt benutzt, um aus MDP Messungen in Abhängigkeit von der optischen Anregung alle relevanten Haftstellenparameter E_A, N_T und σ_n zu bestimmen. Das Verfahren wird bei konstanter Temperatur durchgeführt, was eine erheblich vereinfachte Versuchsdurchführung im Vergleich zu klassischen PICTS Messungen erlaubt. Die experimentelle Umsetzung von Experimenten mit unterschiedlichen optischen Anregungen ist wesentlich einfacher und vor allem schneller als entsprechende temperaturabhängige Messungen. Dies eröffnet die Möglichkeit das Verfahren zu automatisieren und in industriellem Maßstab (inline Messungen) zur Anwendung zu bringen.

4.2.1 Bestimmung der Aktivierungsenergie E_A und der absoluten Trap-Konzentration N_T

Für die Bestimmung der Trapparameter E_A und N_T ist es notwendig, Gl. 3.7 umzuformulieren. Die Konzentration der Überschusselektronen Δn kann im stationären Zustand durch $\tau_{LLI} \cdot G^\circ$ (Niedriginjektion) ersetzt werden.

$$n_{T,L} = \frac{\tau_{LLI} \cdot G^\circ \cdot N_T}{N_C \cdot e^{-\frac{E_A}{kT}} + \tau_{LLI} \cdot G^\circ}. \tag{4.13}$$

In der Gl. 4.13 sind nur noch E_A und N_T unbekannte Parameter, alle anderen Größen sind entweder durch die experimentellen Bedingungen gegeben (G°, T) oder aus einer MDP Messung bestimmbar (τ). Zusammen mit der Beziehung

$$\Delta\sigma = \tau_{LLI} \cdot G^\circ \left(\mu_n + \mu_p\right) \cdot e + \mu_p \cdot n_{T,L} \cdot e \tag{4.14}$$

lässt sich die Photoleitfähigkeit für jeden Wert von E_A und N_T bei gegebenem τ_{LLI} und G° berechnen. Eine Übersicht über den Einfluss der Parameter E_A und N_T auf die $\Delta\sigma$-G°-Kurven zeigt Abb. 4.5. Es wird deutlich, dass eine bestimmte Trap Konzentration zu einem charakteristischen Abknicken der $\Delta\sigma$-G°-Kurve bei einer bestimmten Anregunsintensität führt. Die ist der Punkt, an dem $\Delta n > n_{T,L}$ wird. Eine Erhöhung der Haftstellenkonzentration N_T führt zur Verschiebung dieses Punktes, zu höheren Anregungsraten. Eine Änderung der Aktivierungsenergie führt dagegen zu einer Veränderung

4 Untersuchung der MDP Photopulshöhe

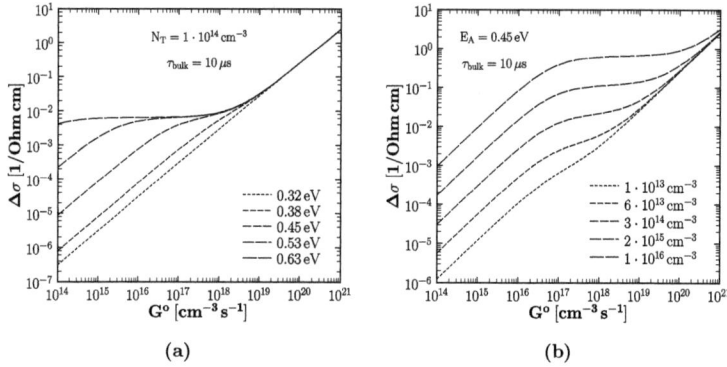

(a) (b)

Abbildung 4.5: Abhängigkeit der injektionsabhängigen Photoleitfähigkeit (stationärer Zustand) von der (a) Aktivierungsenergie und (b) Konzentration einer Elektronenhaftstelle im Band (nach Modell TM 1).

des Anstiegs der $\Delta\sigma$-G°-Kurve bei kleinen G°. Damit lässt sich eine Charakterisierung der Haftstellen nach folgendem Schema durchführen:

1. *Injektionsabhängige Photoleitfähigkeit*
   Die Photopulshöhe (in $[1/\Omega\,\text{cm}]$) wird bei Variation der optischen Generationsrate gemessen, wobei diese über mehreren Größenordnungen geändert werden muss.

2. *Bestimmung der Niedriginjektions-Lebensdauer τ_{LLI}*
   Die für Gl. 4.13 notwendige konstante Lebensdauer unter Niedriginjektionsbedingungen wird aus dem Minimum der injektionsabhängigen Lebensdauer bestimmt. Dies ermöglicht die Berechnung des Injektionsniveaus Δn für jede der verwendeten optischen Anregungen. Die Berechnung der Lebensdauer erfolgt aus den Transienten der Photoleitung für jede optische Anregung.

3. *Ermitteln der Haftstellenparameter durch Anpassen theoretischer Photoleitfähigkeiten*
   Unter Anwendung eines theoretischen Modells für die Beweglichkeit [62] kann die Photoleitfähigkeit bei gegebenem τ_{LLI} und G° für jede Kombination der Haftstellenparameter N_T und E_A berechnet werden. Durch verändern dieser Parameter in Gl. 4.14 werden die berechneten Daten der Photoleitfähigkeit an die gemessenen Daten angepasst und so gültige Werte für E_A und N_T ermittelt.

Es soll an dieser Stelle darauf hingewiesen werden, dass diese Vorgehensweise nicht auf Silizium als Halbleitermaterial beschränkt ist. Es lässt sich ohne Weiteres auf andere

Materialien anwenden, wenn (i) ein geeignetes Beweglichkeitsmodell für das Material verfügbar ist und (ii) die Trägerlebensdauer bei Niedriginjektion gemessen werden kann. Die Bestimmung der Lebensdauer muss dabei nicht zwangsläufig mit MDP erfolgen, sondern es ist auch eine Kombination mit anderen Messverfahren denkbar.

Es ist offensichtlich, dass für die Anwendbarkeit dieses Verfahrens die MDP Photopulshöhe in den korrekten Einheiten $[\Omega^{-1}\,\mathrm{cm}^{-1}]$ gemessen werden muss. Ein Kalibrierverfahren für MDP Apparaturen, welches dies ermöglicht, wurde im Rahmen dieser Arbeit entwickelt und wird in Abschn. 4.1 detailliert behandelt.

4.2.2 Bestimmung des Einfangsquerschnitts σ_n

Die MDP Methode ermöglicht das Messen der kompletten Zeitabhängigkeit der Photoleitfähigkeit auch bei kleinsten optischen Anregungsraten. Mithilfe dieser Zeitabhängigkeit ist die Bestimmung des Einfangsquerschnittes σ_n realisierbar. Durch die Ermittlung von σ_n erhält man die Möglichkeit ein vollständiges elektrisches Defektmodell der untersuchten Haftstelle zu erstellen.

Wie schon in Abschn. 3.2.3 beschrieben wurde, führt die zeitweise Speicherung von Ladungsträgern in Haftstellen und deren vergleichsweise langsame thermische Emission zurück in die Bänder zu einer scheinbaren Vergrößerung der gemessenen Lebensdauer. Dies lässt sich ausnutzen, um die Zeitkonstante e_n^t der thermischen Emission zu bestimmen. In Abb. 4.6a ist die modellierte Lebensdauer für sehr kleine optische Anregungen, bestimmt über die Methode der linearen Regression, in einem Modellsystem mit einem RKZ und einer Elektronenhaftstelle unterschiedlicher Konzentration aufgetragen. Man erkennt, dass die so ermittelte Zeitkonstante bei genügend kleinem G^o einen konstanten Wert annimmt und nicht mehr von der Konzentration der Haftstellen abhängt. In einem einfachen Modell kann man diesen konstanten Wert, der im Folgenden mit τ_{Def} bezeichnet wird, der Emissionszeit der entsprechenden Haftstelle zuordnen.

$$\tau_{\mathrm{Def}}^{-1} = e_n^t = \sigma_n \cdot v_{\mathrm{th}} \cdot e^{-E_A/kT} \cdot N_C \quad (4.15a)$$

$$\sigma_n = \left(\tau_{\mathrm{Def}} \cdot v_{\mathrm{th}} \cdot e^{-E_A/kT} \cdot N_C\right)^{-1} \quad (4.15b)$$

Ist die Aktivierungsenergie der Haftstelle bekannt, kann durch eine einfache Messung von τ_{Def} ein Wert für σ_n nach Gl. 4.15 ermittelt werden.

Für nicht zu hohe Trap Konzentrationen zeigen die berechneten Lebensdauerkurven in Abb. 4.6a den erwarteten Verlauf. Das ermittelte $\tau_{\mathrm{Def}} = 187\,\mu\mathrm{s}$ ist für kleine N_T bei $G^o < 10^{16}\,\mathrm{cm}^{-3}\,\mathrm{s}^{-1}$ konstant. Dies entspricht genau dem Kehrwert von e_n^t für die im Modell verwendeten Trap-Parameter ($E_A = 0.37\,\mathrm{eV}$, $\sigma_n = 2 \cdot 10^{-17}\,\mathrm{cm}^2$).

4 Untersuchung der MDP Photopulshöhe

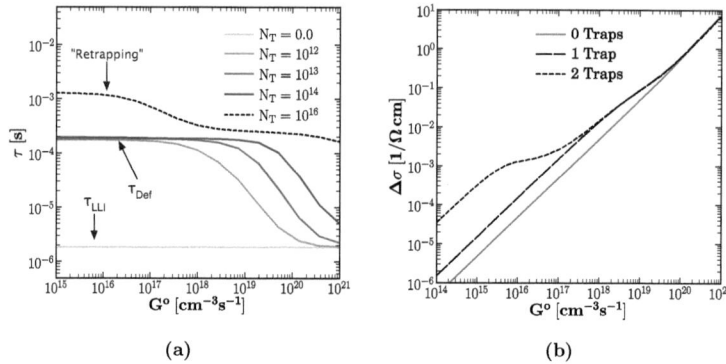

(a) (b)

Abbildung 4.6: (a) Berechnete Lebensdauer bei kleinen optischen Anregungen für verschiedene Konzentrationen eines Elektronentraps im Defektmodell. (b) Abhängigkeit der Photoleitfähigkeit von der optischen Generationsrate für ein Defektmodell mit einem RKZ und mehreren Elektronentraps.

Bei sehr hohen Trap Konzentrationen ($N_T > 5 \cdot 10^{15}$ cm^{-3}) kommt es jedoch zu einer weiteren Erhöhung der Zeitkonstante τ_{Def}. Die Ursache dafür ist der Prozess des Wiedereinfangs von thermisch angeregten Elektronen in die Haftstellen ("Re-Trapping"). Die Einfangrate für Elektronen aus dem Leitungsband eines Defektes ist

$$C_n = n\,\sigma_n\,v_{\text{th}}\,(N_T - n_T)\,. \qquad (4.16)$$

Wird die Konzentration N_T der Traps sehr hoch, dann wird ein thermisch aus der Haftstelle angeregtes Elektron mit hoher Wahrscheinlichkeit wieder von der Haftstelle eingefangen. Der Konkurrenzprozess der Rekombination über ein RKZ läuft nur ab, wenn $C_n^{\text{RKZ}} \gg C_n^{\text{Trap}}$ ist. Das Auftreten eines "Re-Trapping" Effektes hängt damit auch von den Rekombinationseigenschaften des jeweiligen Materials ab. An praktischen Messungen ist es kaum möglich abzuschätzen, ob eine derartige Defektsituation vorliegt. Die gemessene Zeitkonstante τ_{Def} wird auf Grund des "Re-Trapping"-Effektes zu hoch bestimmt. Die mit diesem Verfahren ermittelten σ_n müssen deswegen als untere Grenze aufgefasst werden.

4.2.3 Anwendungsbeispiele

Das vorgestellte Verfahren wurde zur Untersuchung der Haftstellenparameter von unterschiedlichen p-dotierten Siliziumproben eingesetzt. Die Oberflächen der Proben waren passiviert (SiN oder thermisches Oxid), die Dotierung der einzelnen Proben wurde durch

4.2 Charakterisierung von Haftstellen

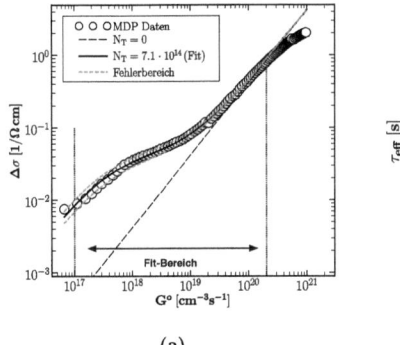
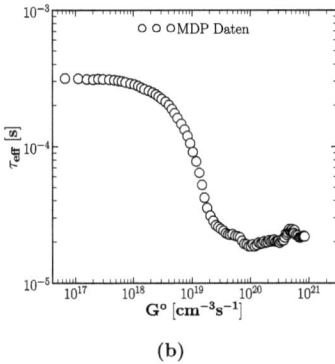

(a) (b)

Abbildung 4.7: (a) Gemessene MDP Photopulshöhe (Symbole) und die Ergebnisse der Anpassung mit dem Modell TM 1. Zusätzlich dargestellt sind die Fehlerbereiche der Anpassung und die nach dem Modell Berechnete Photopulshöhe ohne Traps. (b) Lebensdauer berechnet aus den MDP Transienten mit linearer Regression. Die Stellen, an denen τ_LLI und τ_Def ermittelt wurden, sind gekennzeichnet.

Widerstandsmessungen bestimmt. An jeder Probe wurden lokal injektionsabhängige Messungen der Photopulshöhe und der Lebensdauer durchgeführt, τ_LLI und τ_Def bestimmt und anschließend die Haftstellenparameter durch Anpassen des Haftstellenmodells an die injektionsabhängige Photopulshöhe ermittelt.

Exemplarisch ist dieses Vorgehen an den Messergebnissen einer mc-Si Probe in Abb. 4.7 dargestellt. Eine Zusammenfassung der Ergebnisse an verschiedenen untersuchten Materialien zeigt Tab. 4.2. Zum Vergleich wurden an den in der Tabelle aufgeführten Proben Messungen mit der QSSPC Methode durchgeführt und aus diesen Daten ebenfalls die Konzentration und die Energielage der Haftstellen bestimmt. Eine Abschätzung des Einfangsquerschnittes der Haftstellen ist mit QSSPC nicht möglich, da die tatsächliche Abklingzeitkonstante der Photoleitfähigkeit mit diesem Messverfahren nicht direkt zugänglich ist [44].

Die Messungen an p-Si verschiedener Hersteller und Kristallzuchtverfahren liefern unterschiedliche Ergebnisse. Außer in der niedrig dotierten Float-Zone (Fz) Probe konnte in allen Proben das typische Ansteigen der Photoleitfähigkeit bei niedrigen Injektionsraten nachgewiesen werden. Die daraus berechneten Haftstellenkonzentrationen streuen über beinahe drei Größenordnungen. Auffällig ist die im Mittel deutlich höhere Trap-Konzentration am multikristallinen Material, dass für die Solarzellenproduktion bestimmt ist. An diesen Proben konnten Trap-Konzentrationen nachgewiesen werden, die mit $N_T = 7.1 \times 10^{14}\,\text{cm}^{-3}$ bis zu 10 % der eingesetzten Dotierstoffkonzentration betragen. Es fällt weiterhin auf, dass sowohl die Aktivierungsenergien von $E_A \approx 0.38\,\text{eV}$ und die Einfangs-

4 Untersuchung der MDP Photopulshöhe

Material	τ_{LLI} [s]	N_A [cm^{-3}]	N_T [cm^{-3}]	E_A [eV]	σ_n [cm^2]	Methode
ec-Si (Cz)	$6.8 \cdot 10^{-5}$	$1.1 \cdot 10^{16}$	$6.2 \cdot 10^{12}$	0.65	$6.3 \cdot 10^{-17}$	MDP
			$1.0 \cdot 10^{13}$	0.59	-	QSSPC
ec-Si (Cz)	$4.2 \cdot 10^{-5}$	$0.11 \cdot 10^{16}$	$4.7 \cdot 10^{13}$	0.47	$1.1 \cdot 10^{-16}$	MDP
			--	--	-	QSSPC
mc-Si	$2.3 \cdot 10^{-5}$	$0.5 \cdot 10^{16}$	$2.3 \cdot 10^{14}$	0.37	$\approx 2 \cdot 10^{-17}$	MDP
			$9.7 \cdot 10^{13}$	0.32	-	QSSPC
mc-Si (SP)	$1.2 \cdot 10^{-5}$	$1.3 \cdot 10^{16}$	$7.1 \cdot 10^{14}$	0.38	$\approx 2 \cdot 10^{-17}$	MDP
			$5.2 \cdot 10^{14}$	0.41	-	QSSPC
ec-Si (Fz)	$2.8 \cdot 10^{-4}$	$0.085 \cdot 10^{16}$	$< 1.0 \cdot 10^{12}$	0.51	$\approx 1 \cdot 10^{-16}$	MDP
			--	--	-	QSSPC

Tabelle 4.2: Ausgewählte Ergebnisse der Haftstellencharakterisierung an verschiedenen Bor dotierten Silizium Proben (Messungen wurden bei Raumtemperatur durchgeführt). Zum Vergleich wurden an den selben Proben die Trapkonzentrationen und Energielagen aus QSSPC Daten bestimmt.

querschnitte $\sigma_n \approx 2 \times 10^{-17}$ cm^2 der Haftstellen in den multikristallinen Proben sehr gut übereinstimmen. Es ist nahe liegend, dass es sich hier um die selbe Spezies an Haftstellen handelt, da die Proben vom selben Hersteller stammen und nur die Kristallisationsgeschwindigkeit und die Dotierung leicht variiert wurde.

Die Haftstellenkonzentrationen im p-Si für elektronische Anwendungen (ec-Si) sind deutlich niedriger ($N_T \approx 10^{12}...10^{13}$ cm^{-3}) als im multikristallinen Material und die gefundenen Defekte liegen deutlich tiefer im Band (z.B. $E_A = 0.65$ eV). Solche tiefen Zentren lassen sich bereits durch geringste Anregungsintensitäten vollständig besetzen, weshalb bei den Experimenten keinerlei Hintergrundbeleuchtung (Laborbeleuchtung, Bildschirmlicht, ...) vorhanden sein darf, das die Defekte bereits vor der Messung füllt und sie dadurch einer Detektion entzieht. Die aus den QSSPC Daten ermittelten Haftstellenparameter bestätigen die durch MDP gewonnenen Daten, es treten jedoch bei den ermittelten Konzentrationen z.T. größere Schwankungen auf. Bei der Fz-Probe waren mit QSSPC keine Haftstellen bestimmbar, was auf die zu hohe Lichtintensität zurückzuführen ist, die dieses Verfahren verwendet. Des Weiteren beträgt die beleuchtete Probenfläche bei QSSPC einige Quadratzentimeter, während der Durchmesser der durch den Laser beleuchtete Fläche bei den MDP Messungen 1 mm betrug. Bei der QSSPC kommt es somit zu einer Mittelung der Werte über die beleuchtete Probenfläche. Dies führt je nach Homogenität der Probe zu deutlichen Abweichungen gegenüber den durch MDP Messungen ermittelten Werten.

Da alle Messungen bei Raumtemperatur durchgeführt wurden, ist eine Charakterisierung von sehr flachen Haftstellen nicht möglich, da sich bei Aktivierungsenergien von

4.2 Charakterisierung von Haftstellen

$E_A < 0.25\,\text{eV}$ die Haftstellen bei Raumtemperatur durch Licht nicht mehr besetzen (vgl. Abb. 3.6b) lassen. Um auch solche Haftstellen charakterisieren zu können ist es notwendig, die Messungen bei tieferen Temperaturen durchzuführen.

Eine genaue Zuordnung der gefundenen elektrischen Defekte zu bekannten Störstellen gestaltet sich indes schwierig. Sowohl für das multikristalline Material als auch für das ec-Si bieten sich mehrere Möglichkeiten an. Einen Hinweis liefert jedoch die Tatsache, dass im sauerstoffarmen Float Zone Material nur sehr geringe Haftstellenkonzentrationen beobachtet wurden. Für das Cz-Material sind sauerstoffkorrelierte Defekte wahrscheinlich. Die ermittelten Energielagen der defekte im Band stimmen recht gut mit den in [68] veröffentlichten Werten überein. Im multikristallinen Material beobachtet man typischerweise Haftstellen die weniger tief im Band liegen. In [44] konnte für mc-Si sowohl eine Korrelation mit dem Dotierstoff Bor als auch eine Sauerstoffkorrelation nachgewiesen werden. Ähnliche Haftstellenparameter wurden aber auch in [73] bei Untersuchungen zur lokalen Versetzungsdichte in mc-Si gefunden, so dass eine genaue Zuordnung im Moment nicht möglich ist. Es bleibt festzuhalten, dass mit MDP stets nur die elektrischen Störstellenparameter erfasst werden können. Für eine genaue Untersuchung der strukturellen Eigenschaften solcher Defekte müssen zusätzlich andere Methoden, wie z.B. die Elektronenspinresonanz, die IR-Spektroskopie oder Elektronen-Energieverlust-Spektroskopie herangezogen werden.

4.2.4 Allgemeine Fehleranalyse für die Haftstellenbestimmung

Ein substantieller methodischer Vorteil des vorgestellten Verfahrens gegenüber der klassischen PICTS Analyse ist die Einbeziehung der temperaturbedingten unvollständigen Haftstellenbesetzung direkt im Modell. Damit kann eine der größten Fehlerquellen der klassischen PICTS Auswertung umgangen werden. Im Folgenden werden die Hauptfehlerquellen, die auf die Berechnungen der Haftstellenparameter den größten Einfluss haben diskutiert.

1. *Fehler der Lebensdauerbestimmung*
   Eine kritische Größe ist die zu bestimmende Niedriginjektionslebensdauer τ_{LLI}, die für die Berechnung des Injektionsniveaus Δn bei gegebener optischer Anregung benötigt wird. Bei hohen Haftstellenkonzentrationen wird die Lebensdauerbestimmung bei geringen Beleuchtungsstärken durch die langsame Relaxation der Majoritätsträger verfälscht (dies wurde ausführlich in Abschn. 3.2.4 diskutiert). Die gemessenen Lebensdauern werden dadurch zu hoch, und man erhält bei der Berechnung der Haftstellenparameter eine zu niedrige Haftstellenkonzentration N_T.

2. *Dotierstoffkonzentration und Beweglichkeit*

Schwankungen oder eine ungenaue Bestimmung der Dotierstoffkonzentration führen zu zwei Effekten. Zum Einen kann die Beweglichkeit nicht exakt bestimmt werden, was zu Ungenauigkeiten in der berechneten Photoleitfähigkeit führt. Zum Anderen können sehr tiefe Haftstellen, die in der Nähe des Ferminiveaus liegen, bereits vor der Lichtanregung eine signifikante Besetzung aufweisen, was in einer Unterschätzung der Haftstellenkonzentration resultiert.

3. *Mehrere Haftstellen oder Haftstellenverteilungen*
Liegen mehrere Haftstellen vor, so kann dies nur in sehr wenigen Fällen anhand der Form der Photoleitfähigkeitskurven erkannt werden (vgl. Abb. 4.6b). Das Verfahren besitzt ein energetisches Auflösungsvermögen, dass etwa mit dem konventioneller PICTS Messungen vergleichbar ist. Eine Anpassung gemessener Kurven mit Modellen für mehrere Haftstellen ist nur bei sehr gut zu separierenden Anstiegen in den Photoleitfähigkeitskurven sinnvoll. In allen anderen Fällen sollten die ermittelten Haftstellenparameter als "effektive" Parameter angesehen werden.

In diesem Abschnitt wurde ein neuartiges Verfahren zur Bestimmung der Parameter von Haftstellen mithilfe von injektionsabhängigen Messungen der Photoleitfähigkeit vorgestellt. Es wurden eine Reihe verschiedener Silizium Proben untersucht und die ermittelten Haftstellenparameter mit Resultaten der QSSPC Methode verglichen. Durch MDP Messungen war es möglich, in allen Proben relevante Haftstellenkonzentrationen nachzuweisen und diese Defekte zu charakterisieren. Dabei wurde deutlich, dass die verschiedenen haftstellenbedingten Effekte auch in hochwertigem elektronischem Silizium nachgewiesen werden können.

4.3 Untersuchungen von MDP Signalen an Siliziumblöcken

Technologisch besonders interessant sind Untersuchungen der Ladungsträgerlebensdauer an Silizium-Blöcken. Diese werden vor allem in der Solarindustrie verwendet, da das kostengünstig hergestellte multikristalline Material in sehr großen Blöcken erstarrt und anschließend zersägt wird. Es ist naheliegend, mit der Charakterisierung des Materials bereits am Anfang der Prozesskette zu beginnen, um so Verunreinigungen frühzeitig zu entdecken oder die Folgeprozesse auf bestimmte Parameter des Ausgangsmaterials einstellen zu können.

Für eine Interpretation von Messergebnissen an Blöcken, die über einen relativen Vergleich gemessener MDP Signale hinausgeht, müssen verschiedene Probleme gelöst werden. Die fehlende Oberflächenpassivierung der zu untersuchenden Siliziumblöcke ist ein zentrales Problem. Es ist zwar technisch ohne weiteres möglich, auch die Oberfläche von Blöcken zu passivieren aber aus Kostengründen sollte ein zusätzlicher Prozessschritt vermieden werden. Das heutzutage in der Solarzellenproduktion typischerweise eingesetzte Material ist hochdotiert ($N_A \geq 10^{16}\,\mathrm{cm}^{-3}$), wobei als Dotierstoff meist Bor eingesetzt wird. Dies hat einen geringen Probenwiderstand im Bereich von $0.5\ldots2.0\,\Omega\,\mathrm{cm}$ und damit eine relativ kleine Eindringtiefe der Mikrowellenstrahlung zur Folge. Aufgrund der fehlenden Passivierung ist eine Vernachlässigung der Rekombination an der Oberfläche, wie dies unter bestimmten Bedingungen bei dünnen Wafern zulässig ist (vgl. Abschn. 2.2.2), nicht mehr möglich.

Aus diesen Nebenbedingungen leitet sich unmittelbar die Aufgabe ab, aus den an der Blockoberfläche gemessenen effektiven Lebensdauern die Volumenlebensdauer zu berechnen. Die vereinfachten Gleichungen aus Abschn. 2.2.2 können dafür nicht verwendet werden, da die Vorraussetzungen für deren Gültigkeit offensichtlich nicht erfüllt sind. Ein weiteres bisher ungelöstes Problem ist die Bestimmung des tatsächlich vorliegenden Injektionsniveaus bei einer Lebensdauermessung am Block. Sollen Anwendungen wie z.B. der in Abschn. 3.4 vorgestellte Eisennachweis auf Messungen an Blöcken übertragen werden, muss für die Berechnung eines geeigneten Kalibrierfaktors die Injektion bekannt sein.

Erste Ansätze zur Lösung der genannten Problemstellungen werden in diesem Kapitel mithilfe von Simulationsrechnungen gegeben, wobei allerdings das in Abschn. 2.3 vorgestellte Simulationsmodell in der vorliegenden Form nicht verwendet werden kann. Zur Bearbeitung derartiger Aufgabenstellungen sind ortsaufgelöste Berechnungen der Ladungsträgerkonzentration notwendig. Im Folgenden wird das bisher verwendete Simulationsmodell um die Möglichkeit erweitert, die Konzentration der lichtgenerierten Überschussladungsträger als Funktion des Ortes über die gesamte Probendicke hinweg zu berechnen. Ein solcher Ansatz ist gerechtfertigt, so lange laterale Effekte nur eine

4 Untersuchung der MDP Photopulshöhe

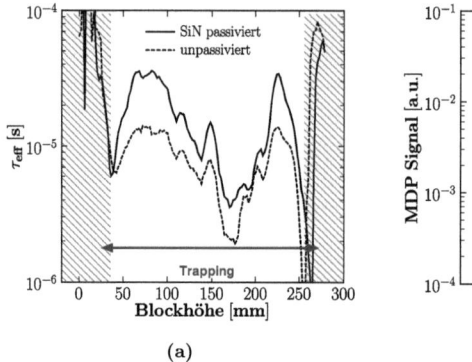
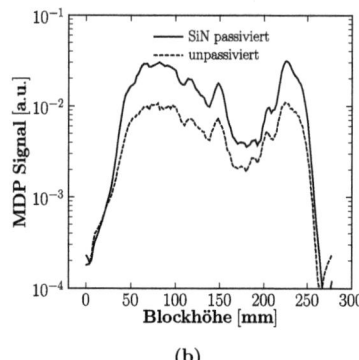

(a) (b)

Abbildung 4.8: (a) MDP Messung der effektiven Lebensdauer an einem Siliziumblock. Die Oberfläche des Blockes ist mit SiN passiviert (durchgezogene Line). Die Ergebnisse nach dem Entfernen der Passivierung sind durch gestrichene Linien dargestellt. (b) Gemessene MDP Photopulshöhe des Blockes mit und ohne Oberflächenpassivierung.

untergeordnete Rolle spielen. Experimentell kann dies durch die Verwendung von Spotgrößen, die deutlich größer als die Diffusionslänge im untersuchten Material sind, in guter Näherung realisiert werden.

4.3.1 Lebensdauer und MDP Photopulshöhe an Siliziumblöcken - erste Messergebnisse

Ein Beispiel für MDP Messergebnisse an einem multikristallinen Siliziumblock zeigt Abb. 4.8. Die zur Messung verwendeten Säulen sind Vertikalschnitte durch blockgegossenes Silizium, so dass das untere Ende der vermessenen Säulen (Blockhöhe 0 mm) den Bodenbereich und das obere Ende der Säulen den Kappenbereich repräsentiert. Die Untersuchungen der Photoleitfähigkeit entlang einer solchen Säule aus Solarsilizium zeigen typischerweise Verläufe wie in Abb. 4.8b.

Im Boden- und Kappenbereich sinkt die mittels MDP gemessene Photoleitfähigkeit im Gegensatz zum Mittelbereich um mehr als zwei Größenordnungen ab. Dies ist zu erwarten, da auf Grund des Kristallisationsprozesses Verunreinigungen vorwiegend am Boden und in der Kappe angelagert werden. Die Messung der Photoleitfähigkeit könnte daher durchaus als Qualitätskriterium heran gezogen werden.

Im Mittelbereich der Säule korreliert die effektive Lebensdauer mit den Messungen der Photoleitfähigkeit. In den Randbereichen der Säulen misst man jedoch einen sehr starken Anstieg der effektiven Lebensdauer, der im starken Widerspruch zu Daten der Photoleitfähigkeiten steht. Durch eingehendere Untersuchungen konnte dieser Anstieg auf die bereits in Abschn. 3.2 vorgestellten Trapping-Effekte zurück geführt werden. Offensichtlich befinden sich im Boden- und Kappenbereich der untersuchten Säulen neben einem sehr hohen Gehalt an Rekombinationszentren, die zu der starken Reduktion der Photoleitfähigkeit führen, auch signifikante Konzentrationen an Haftstellen. Untersuchungen der Auswirkungen dieser Haftstellen auf Parameter der später aus diesem Material hergestellten Solarzellen sind Gegenstand aktueller Forschungsbemühungen. Es wird jedoch deutlich, dass der Einfluss der Haftstellen aussagekräftige MDP Lebensdauermessungen in den Randbereichen der Säulen verhindert.

Des Weiteren wurde experimentell die Frage untersucht, inwiefern die Oberfläche der Säulen Einfluss auf die Photoleitfähigkeit und die effektive Lebensdauer ausübt. Zu diesem Zweck wurden Säulen mit und ohne SiN Oberflächenpassivierung vermessen. Die Ergebnisse der Photoleitfähigkeitsmessungen in Abb. 4.8b zeigen deutlich, dass ein Entfernen der SiN Passivierung zu einem Absinken der Photoleitfähigkeiten in der Säulenmitte um den Faktor 2-3 führt. Ein Effekt in ähnlicher Größenordnung ist ebenfalls an den Lebensdauerdaten in Abb. 4.8a zu erkennen. Die Messergebnisse in den Randbereichen hängen dagegen kaum von der Beschichtung der Säulenoberfläche ab. Die ermittelten Lebensdauerwerte lassen darauf schließen, dass in den Randbereichen die effektive Lebensdauer durch eine extrem niedrige Volumenlebensdauer festgelegt wird.

Es konnte damit gezeigt werden, dass die Qualität der Säulenoberfläche die MDP Messungen stark beeinflusst. Es kann daher nicht davon ausgegangen werden, dass MDP Messungen an der unpassivierten Blöcken ohne weiteres Informationen über die Qualität des Materials im Volumen liefern. Vor allem im Mittelbereich der Säulen wird die Photoleitfähigkeit durch die unpassivierte Oberfläche begrenzt, was zu einer Unterschätzung der Materialqualität führen kann. Des weiteren können kleinere Schwankungen der Materialqualität nicht mehr zuverlässig nachgewiesen werden.

Um die Vorgänge an der Blockoberfläche detailliert untersuchen zu können, sind Modellierungen der Ortsabhängigkeit der Ladungsträgerkonzentration notwendig. Diese sollen im Zusammenhang mit der begrenzten Eindringtiefe der Mikrowellenstrahlung in das Material weitere Erkenntnisse zur besseren Interpretation der gewonnenen Daten oder Hinweise auf geeignetere experimentelle Randbedingungen liefern.

4.3.2 Ortsabhängige Modellierung der Ladungsträgerkonzentration

Die Berechnung der ortsaufgelösten Ladungsträgerkonzentration für einen homogenen Halbleiter ist das Grundproblem, dass für die Modellierung jedes Bauelementes gelöst werden muss. Im Folgenden werden daher nur die physikalischen Grundlagen und das prinzipielle Vorgehen bei der Modellierung erläutert. Details zur konkreten Implementierung und zu numerischen Details finden sich an vielen Stellen in der Literatur [85, 7, 25], sie werden daher hier nicht extra behandelt . In vielen Programmpaketen für numerischen Simulationsrechnungen wie MATLAB oder SCIPY sind außerdem bereits optimierte Module für die Lösung von Transportproblemen enthalten, so dass sich konkrete Implementierungen mit vergleichsweise geringem Programmieraufwand realisieren lassen [48].

Der im Folgenden präsentierte Ansatz beschränkt sich auf die Lösung der eindimensionalen Halbleiter-Transportgleichungen, da für eine Diskussion der im letzten Abschnitt angesprochenen Probleme vor allem der Verlauf der Ladungsträgerkonzentration in der Tiefe der Probe relevant ist. Den Ausgangspunkt der Betrachtungen stellen somit die allgemeinen Transportgleichungen für Elektronen und Löcher in einem homogenen Halbleiter dar.

$$\frac{\partial}{\partial t} n(x,t) = \frac{1}{q} \nabla j_\mathrm{n}(x,t) + G^\circ(x,t) - U(x,t) \quad (4.17\mathrm{a})$$

$$\frac{\partial}{\partial t} p(x,t) = \frac{1}{q} \nabla j_\mathrm{p}(x,t) + G^\circ(x,t) - U(x,t) \quad (4.17\mathrm{b})$$

Das Gleichungssystem 4.17 wird analog zum verallgemeinerten Ratengleichungssystem in Abschn. 2.3 aufgestellt. Jedoch sind nun sowohl die Konzentrationen n und p der Ladungsträger als auch die optische Generation G° und die Rekombinationsrate U von der Zeit und vom Ort abhängig. Da Diffusionsvorgänge in diesem Modell beachtet werden sollen, müssen zusätzlich noch die Elektronen- und Löcherströme j_n, j_p in die Gleichungen mit aufgenommen werden. Um den numerischen Rechenaufwand handhabbar zu halten, werden im Vergleich zu Gl. 2.21 einige Näherungen verwendet: (i) Die einzige Generationsrate ist die optische Band-Band Generation, (ii) es existieren keine Haftstellen im Halbleiter, d.h. es gilt immer $\Delta n = \Delta p$, (iii) die Rekombinationsrate U ist, außer an den Oberflächen, konstant und kann über $U = n(x,t)/\tau$ mit der Volumenlebensdauer des Materials beschrieben werden, (iv) die Beleuchtung der Probe erfolgt nur von der Vorderseite (bei $x = 0$).

Der in Gl. 4.17 auftretende Elektronenstrom j_n setzt sich aus einem Drift- und einem Diffusionsanteil zusammen.

$$j_\mathrm{n}(x,t) = \left[\mu_\mathrm{n} \cdot n(x,t) \cdot E(x,t) + D_\mathrm{n} \cdot \frac{\partial}{\partial x} n(x,t) \right] \cdot q \quad (4.18)$$

(E elektrisches Feld, q Elementarladung, D_n Diffusionskonstante, μ_n Elektronenbeweglichkeit) Für den Löcherstrom j_p wird ein analoger Ausdruck verwendet. Der Zusammenhang zwischen dem Elektrischen Feld E und dem elektrostatischen Potential Ψ ist durch

$$E(x,t) = -\frac{\partial}{\partial x} \Psi(x,t) \quad (4.19)$$

gegeben. Für die Lösung des Gleichungssystems wird noch die Verknüpfung der Ladungsdichte ϱ mit dem elektrischen Feld benötigt, die durch die Poission-Gleichung gegeben ist.

$$\frac{\partial}{\partial x}E(x,t) = \frac{1}{\varepsilon_0\varepsilon_r}\varrho(x,t) \qquad (4.20)$$

Die Ladungsdichte wird dabei als die Summe aller Elektronen und Löcher sowie der ionisierten Dotierstoffatome angesetzt.

$$\varrho(x,t) = [-n(x,t) + p(x,t) \pm N_{\text{dot}}] \cdot q \qquad (4.21)$$

(N_{dot} Dotierstoffkonzentration). Durch das Einsetzen von Gl. 4.19 und Gl. 4.21 in die Poission-Gleichung erhält man die notwendige dritte Gleichung und es muss nun folgendes Gleichungssystem gelöst werden:

$$\frac{\partial}{\partial t}n(x,t) = \frac{\partial}{\partial x}\left[-\mu_n\, n(x,t)\frac{\partial}{\partial x}\Psi(x,t) + D_n\frac{\partial}{\partial x}n(x,t)\right] + G^o(x,t) - U(x,t) \qquad (4.22\text{a})$$

$$\frac{\partial}{\partial t}p(x,t) = \frac{\partial}{\partial x}\left[+\mu_p\, p(x,t)\frac{\partial}{\partial x}\Psi(x,t) + D_p\frac{\partial}{\partial x}p(x,t)\right] + G^o(x,t) - U(x,t) \qquad (4.22\text{b})$$

$$\frac{\partial^2}{\partial x^2}\Psi(x,t) = -\frac{q}{\varepsilon_0\varepsilon_r}[-n(x,t) + p(x,t) \pm N_{\text{dot}}] \qquad (4.22\text{c})$$

Das so entstandene Gleichungssystem 4.22 ist im Gegensatz zu den verallgemeinerten Ratengleichungssystemen aus Abschn. 2.3.1 ein System aus partiellen Differentialgleichungen, das durch geeignete Diskretisierung numerisch gelöst werden muss. Zur örtlichen Diskretisierung des Systems wird der Wafer in i Abschnitte mit der Breite Δx eingeteilt und die Ortsableitungen werden durch die entsprechenden Rückwärtsdifferenzen ersetzt. Für das Potenzial wählt man z.B.

$$\frac{\partial}{\partial x}\Psi(x,t) = \frac{\Psi_i - \Psi_{i\text{-}1}}{\Delta x} \qquad (4.23\text{a})$$

$$\frac{\partial^2}{\partial x^2}\Psi(x,t) = \frac{\Psi_{i+1} - 2\Psi_i + \Psi_{i\text{-}1}}{\Delta x^2} \qquad (4.23\text{b})$$

und für die Ladungsträgerkonzentrationen setzt man analoge Ausdrücke an. Mit diesem "Method Of Lines" (MOL) genannten Verfahren transformiert man Gl. 4.22 in ein algebraisches Gleichungssystem aus gewöhnlichen Differentialgleichungen, dass dann wieder mit den numerischen Methoden aus Abschn. 2.3 nach der Zeit integriert werden kann [63, 26].

Für die Modellierung einer konkreten Probe benötigt man noch geeignete Anfangs- und Randbedingungen. Als Startwerte werden für die Elektronen- und Löcherkonzentrationen die Gleichgewichtskonzentrationen bei der gegebenen Dotierung eingesetzt. Die Dicke der Probe wird mit W bezeichnet, und man setzt am linken bzw. rechten Rand der Probe die Stromdichte mit der Oberflächenrekombinationsrate gleich [66]. Es wird weiterhin angenommen, dass die Oberflächen nicht geladen sind. Daraus folgt, dass jeder Ladungsträger der zu einer der Oberflächen fließt an dieser mit der festgelegten Rate S rekombiniert.

$$j_\text{n}(0,t) = +q \cdot S_1 \cdot \Delta n(0,t) \qquad j_\text{n}(W,t) = -q \cdot S_2 \cdot \Delta n(W,t) \qquad (4.24\text{a})$$
$$j_\text{p}(0,t) = -q \cdot S_1 \cdot \Delta n(0,t) \qquad j_\text{p}(W,t) = +q \cdot S_2 \cdot \Delta n(W,t) \qquad (4.24\text{b})$$
$$\Psi(0,t) = 0 \qquad \Psi(W) = 0 \qquad (4.24\text{c})$$

Des Weiteren wird die optische Generation $G^\circ(x,t)$ mithilfe des Lambert-Beer-Gesetzes ortsabhängig. Die höchste optische Generationsrate erhält man daher direkt an der Oberfläche und die optische Generationsrate nimmt entsprechend des Absorptionskoeffizienten der verwendeten Strahlung exponentiell mit zunehmender Probentiefe x ab. Mit diesen Zusammenhängen ist es möglich, sowohl die Zeit- als auch die Tiefenabhängigkeit der Ladungsträgerkonzentration zu berechnen.

4.3.3 Ladungsträgerdichte und effektive Lebensdauer dünner Wafer

Um eine bessere Vergleichbarkeit der erzielten Modellierungsergebnisse zu erreichen, werden im folgenden Abschnitt die Verhältnisse an dünnen Wafern mit den im letzten Abschnitt vorgestellten Gleichungen untersucht. Dabei wird der prinzipielle Einfluss der Oberflächenrekombination untersucht und es werden die Auswirkungen unterschiedlicher Anregungswellenlängen und Anregungszeiten diskutiert. Anschließend erfolgt dann eine Diskussion der Verhältnisse an Proben, deren Dicke wesentlich größer als die Diffusionslänge der Ladungsträger ist.

Bei den folgenden Betrachtungen wird davon ausgegangen, dass die von der MDP Apparatur mithilfe der Mikrowelle erfasste Überschussladungsträgerkonzentration als gewichteter Mittelwert im Sinne von Gl. 4.12 beschrieben werden kann. Es sei an dieser Stelle noch einmal darauf hingewiesen, dass die Eindringtiefe der Mikrowellenstrahlung und damit das von ihr erfasste Probenvolumen aus diesem Grund sehr stark von der Dotierung der Probe abhängig ist. Bei den für Solarmaterial typischen Dotierungen im Bereich von $N_\text{A} \approx 10^{16}\,\text{cm}^{-3}$ ergeben sich Eindringtiefen von $< 0.1\,\text{mm}$.

Zur Veranschaulichung sind die Verhältnisse an einem dünnen Wafer in Abb. 4.9 dargestellt. Die Abbildung zeigt die ortsabhängige Konzentration der Überschussladungsträger für einen dünnen (300 µm), p-dotierten Siliziumwafer mit einer Volumenlebensdauer von $\tau_\text{b} = 50\,\mu\text{s}$ und verschiedenen ORG. Im Fall von sehr gut passivierten Oberflächen $S \approx 0$ erhält man im stationären Zustand praktisch eine konstante Ladungsträgerkonzentration über die gesamte Waferdicke. Bei gut passivierten Proben mit $S \approx 0$ spielt daher die begrenzte Eindringtiefe der Mikrowelle nur eine geringere Rolle, da im relevanten Bereich unter der Waferoberfläche etwa die selben Injektionsverhältnisse vorliegen, als in

4.3 Untersuchungen von MDP Signalen an Siliziumblöcken

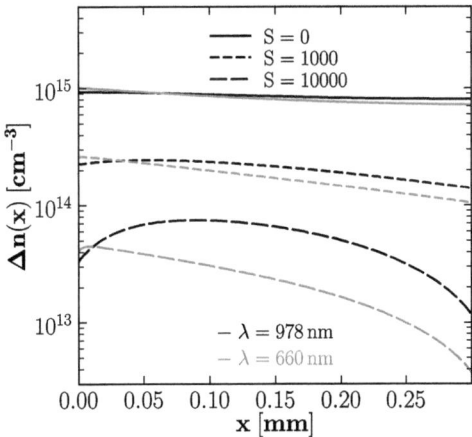

Abbildung 4.9: Berechnete Ortsabhängigkeit der Überschusselektronenkonzentration im stationären Zustand eines dünnen Wafers mit einer Volumenlebensdauer von $\tau_b = 50\,\mu s$ und verschiedenen ORG. Die Berechnungen wurden jeweils mit rotem (graue Linien) und mit infrarotem Licht (schwarze Linien) durchgeführt. Weitere Parameter der Rechnung: $T = 300\,K$, $N_A = 10^{16}\,\text{cm}^{-3}$

den restlichen Bereichen der Probe.

Die von der MDP Apparatur detektierte Überschussladungsträgerkonzentration wird wie in Abschn. 4.1.2 als gewichteter Mittelwert Δn_{avg} nach Gl. 4.12 berechnet. Die Eindringtiefe der Mikrowelle wird durch den Grundwiderstand der Probe vorgegeben. Dies führt dazu, das die Mikrowelle bei niederohmigen Proben nur einen schmalen Bereich unterhalb der Probenoberfläche erfasst. Abb. 4.9 zeigt das Ergebnis der Berechnungen für einen dünnen, p-dotierten Siliziumwafer mit einer Volumenlebensdauer von $\tau_b = 50\,\mu s$ und verschiedenen ORG. Im Fall von sehr gut passivierten Oberflächen erhält man im stationären Zustand praktisch eine konstante Ladungsträgerkonzentration über die gesamte Waferdicke. Hohe ORG führen zu deutlich asymmetrischen Ladungsträgerdichten, die zusätzlich von der Wellenlänge des Anregungslichtes abhängen. Interessant ist in diesem Zusammenhang die Beobachtung, dass die Ladungsträgerkonzentration bei dünnen Wafern mit guter Oberflächenpassivierung im stationären Zustand über einen großen Bereich hinweg praktisch unabhängig von der verwendeten Anregungswellenlänge ist. Bei realistischen Volumenlebensdauern von $\tau_b > 20\,\mu s$ können sich die Ladungsträger infolge ihrer hohen Diffusionslänge und der langen Zeitdauer der Lichtanregung gleichmäßig über die gesamte Probendicke ausbreiten. Dieser Sachverhalt ist ebenfalls in Abb. 4.9 dargestellt. Dies bedeutet aber auch, dass die Ausgangszustände für die anschließende Transiente bei unterschiedlichen Anregungswellenlängen praktisch identisch sind und damit keine Unterschiede in den effektiven Lebensdauern zu erwarten sind. Dies wurde bereits durch entsprechende Messungen bestätigt [74].

Bei größer werdender ORG geht die vorher konstante Ladungsträgerkonzentration zunehmend in ein Ladungsträgerprofil über, bei dem das Konzentrationsmaximum einige Mikrometer innerhalb der Probe liegt. Die genaue Form des Profils hängt wesentlich von der ORG, der Volumenlebensdauer und der verwendeten Anregungswellenlänge ab. Die Unterschiede in der Ladungsträgerkonzentration können bei schlecht passivierten Oberflächen dabei bis zu einer Größenordnung zwischen Vorderseite und dem Maximum betragen.

4.3.4 Einfluss der Anregungspulsdauer

Mithilfe der Modellierung der Zeitabhängigkeit des Abklingens der Photoleitung können prinzipielle Effekte der verwendeten Anregungspulsdauer untersucht werden. Typischerweise wird bei MDP Messungen mit Anregungspulsdauern gearbeitet, die einen stationären Zustand gewährleisten. Ein Vergleich mit Resultaten für den Fall kurzer Anregungspulse liefert jedoch wertvolle zusätzliche Erkenntnisse und demonstriert die Leistungsfähigkeit des verwendeten Berechnungsmodells.

Als Grundlage für die Berechnungen dienten dünne Wafer mit fehlender Oberflächenpassivierung ($S = 10000\,\text{cm/s}$). Die Berechnungen wurden mit einem Anregungsblitz von 200 ns Dauer ausgeführt, was den typischen Messbedingungen der μ-PCD Methode entspricht. Anschließend wurden die Berechnungen mit den für die MDP Methode typischen langen Anregungszeiten von 500 μs unter ansonsten identischen Bedingungen wiederholt.

In den Abbildungen Abb. 4.10 (Impulsanregung) und Abb. 4.11 (Steady-State-Anregung) sind die wichtigsten Ergebnisse der Untersuchungen zusammengefasst. Neben den Ladungsträgerprofilen an verschiedenen Zeitpunkten wurden zusätzlich die zu erwartenden Zeitverläufe der gemittelten Ladungsträgerkonzentration entsprechend Gl. 4.12 berechnet.

Der wesentliche Unterschied zwischen Impuls- und Steady-State-Anregung besteht im Ausgangszustand für die anschließende Relaxation ins Gleichgewicht. Sehr kurze Anregungspulse führen zu einem hochgradig asymmetrischen Ladungsträgerprofil (Abb. 4.10a), das erst durch die Diffusionsvorgänge nach dem Anregungspuls in ein nahezu symmetrisches Profil übergeht. Sowohl bei der Impuls- als auch bei der Steady-State-Anregung ist die Ladungsträgerkonzentration in der Nähe der stark rekombinationsaktiven Oberflächen um mehr als eine Größenordnung kleiner als im inneren der dünnen Probe. Für den Zeitverlauf der der gemittelten Ladungsträgerkonzentrationen $\Delta n_{\text{avg}}(t)$ ergeben sich ebenfalls signifikante Unterschiede. Bei der Impulsanregung beobachtet man innerhalb der ersten

4.3 Untersuchungen von MDP Signalen an Siliziumblöcken

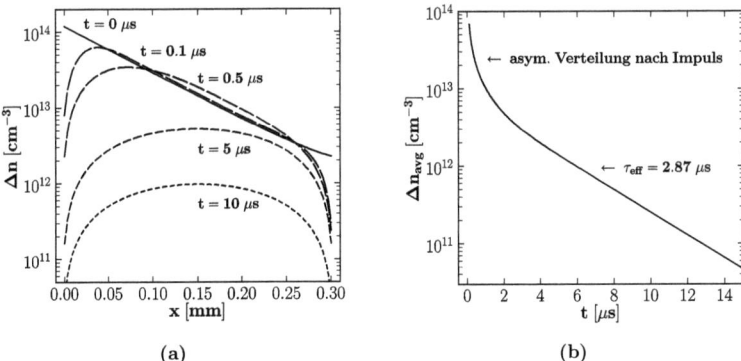

Abbildung 4.10: (a) Berechneter Verlauf der Überschussladungsträger für einen unpassivierten, 300 μm dicken Silizium-Wafer nach der Anregung mit einem kurzen (200 ns) Laserpuls. Weitere Parameter: $\tau_b = 50\,\mu s$, $D_n = 30.0\,\text{cm}^2/\text{s}$, $S_1 = S_2 = 10000\,\text{cm/s}$, $\lambda = 978\,\text{nm}$. (b) Zeitlicher Verlauf der gemittelten Ladungsträgerdichte. Die unsymmetrische Verteilung der Ladungsträger kurz nach dem Anregungspuls führt zu einer zu steilen Transiente.

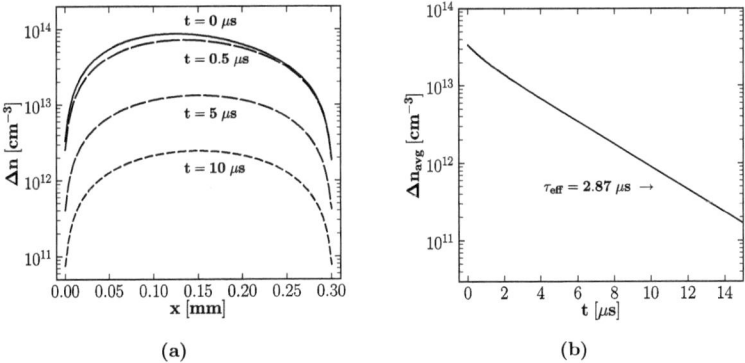

Abbildung 4.11: (a) Verlauf der Überschussladungsträger mit den Parametern aus Abb. 4.10. Es wurde jedoch ein langer Anregungspuls (500 μs) verwendet, so dass ein stationärer Zustand vor dem Abschalten des Anregungslichtes gewährleistet ist. (b) Der zeitliche Verlauf der gemittelten Überschussladungsträgerdichte zeigt im Gegensatz zu Abb. 4.10b ein rein monoexponentielles Abklingen.

ein bis zwei Mikrosekunden einen sehr steilen Abfall von Δn_{avg} und man beobachtet erst danach ein monoexponentielles Abklingen mit einer effektiven Lebensdauer. Für den hier betrachteten Spezialfall dünner Wafer stimmt die nach Gl. 2.18 berechnete effektive Lebensdauer mit der aus den Simulationsrechnungen erhaltenen überein. Vergleichbare Ergebnisse für Impulsanregung wurden mithilfe einer analytischen Näherungslösung bereits von LUKE U.A. vorgestellt [40]. Bei der Steady-State-Anregung tritt ein solcher schneller Abfall am Anfang der Ladungsträgertransiente praktisch nicht auf, da hier bereits nach dem Abschalten des Anregungslichtes ein annähernd symmetrisches Ladungsträgerprofil in der Probe vorliegt (Abb. 4.11b).

Aus der zeitlichen Änderung der Ladungsträgerprofile wurden unter Verwendung von Gl. 4.12 die von der Mikrowelle erfassten mittleren Ladungsträgerdichten für jeden Zeitpunkt ermittelt. Dabei wurde von einer konstanten Eindringtiefe der Mikrowellenstrahlung während des gesamten Vorgangs ausgegangen. Als Ergebnis erhält man den zeitlichen Verlauf des Abklingens der Überschussladungsträgerkonzentration. Die resultierende Zeitkonstante des Abklingens ist dabei identisch mit der effektiven Lebensdauer, die für den Spezialfall dünner Wafer auch nach Gl. 2.18 berechnet werden kann. Das Ergebnis für die Anregung mit kurzem Lichtpuls stimmt ebenfalls sehr gut mit den Resultaten der Näherungslösung in überein.

An dieser Stelle sei noch einmal auf die Resultate der MDP Lebensdauermessungen bei Variation der Anregungspulslänge in Abschn. 3.3.4 verwiesen. Der Effekt des sehr schnellen Signalabfalls bei Impulsanregung ist an den gemessenen Photoleitfähigkeitstransienten in Abb. 3.13 deutlich zu erkennen. Für die Lebensdauerberechnung sollten aus diesem Grund die ersten Mikrosekunden direkt nach dem Anregungspuls bei Messungen mit Impulsanregung nicht verwendet werden. Für die Untersuchungen in Abschn. 3.3.4 wurden diese Erkenntnisse bereits verwendet und zur Berechnung der Lebensdauer die Signalabschnitte von $5 - 15\,\mu s$ heran gezogen.

Das Ausnutzen dieses Impulseffektes zur Bestimmung der Oberflächenrekombinationsparameter durch verschiedene Mikrowellenreflexionsmethoden wird immer wieder an verschiedenen Stellen in der Literatur diskutiert [84]. Von SCHOEFTHALER U.A. wurde jedoch gezeigt, dass im Falle der sehr inhomogenen Ladungsverteilungen in der Probe nach einem kurzen Anregungspuls die gemessenen Mikrowellenreflexionssignale nicht mehr proportional zur Änderung der mittleren Ladungsträgerdichte sind und daher eine zuverlässige Bestimmung der notwendigen Zeitkonstanten nicht gewahrleistet ist [70]. Für die Untersuchung der Oberflächenrekombination müssen daher andere Wege gefunden werden. Inwieweit die in [70] diskutierten Effekte auch für die MDP Methode relevant sind, ist Gegenstand aktueller Forschungsbemühungen. Eine detaillierte Untersuchung dieser Effekte geht über den Rahmen dieser Arbeit hinaus.

4.3.5 Ladungsträgerdichte und effektive Lebensdauer an Si Blöcken

Mit dem im letzten Abschnitt bereits verwendeten Modellsystem werden nun ebenfalls die Verhältnisse in einer sehr dicken Probe untersucht. Die grundsätzlichen Effekte, die bereits bei der Untersuchung an dünnen, unpassivierten Proben gefunden wurden, treten bei dicken Proben in unterschiedlicher Quantität auf. Der wesentliche Unterschied besteht darin, dass die Rekombination an der Rückseite der Probe keinen Einfluss besitzt. An die Stelle dieses Prozesses tritt die ungehinderte Diffusion der Ladungsträger in das Volumen der Probe hinein.

Um die Aussagen zu untermauern, sind in Abb. 4.12 die Ergebnisse von Modellrechnungen für eine Probendicke von 10 mm dargestellt. Es wurde die Zeit- und Ortsabhängigkeit der Überschussladungsträger nach dem Abschalten des Anregungslichtes berechnet, bei dem sich die Probe vorher im stationären Zustand befand. Für beide Oberflächen wurde eine ORG von 10^5 cm s^{-1} angenommen, was ein allgemein akzeptierter Wert für unpassiviertes p-Si ist. Zum besseren Vergleich zeigt Abb. 4.12 noch den Verlauf der elektrischen Feldstäkre des Mikrowellenfeldes innerhalb der Probe. Es wird deutlich, dass bei typischem Solarmaterial (1 Ω cm) lediglich die Materialeigenschaften der obersten 200μm relevant sind.

Die schon aus den Berechnungen für dünne Wafer bekannte Inhomogenität der Ladungsträgerverteilung in der Nähe der Probenoberfläche ist über den gesamten Zeitverlauf eines Relaxationsvorgangs hinweg ausgeprägt. Als direkte Folge ist der Zusammenhang zwischen der durch die Mikrowelle erfassten gemittelten Ladungsträgerdichte Δn_avg und der Volumenlebensdauer nicht mehr linear. Dies bedeutet, dass die an einem unpassivierten Block gemessenen Photoleitfähigkeiten einen direkten Rückschluss auf die Volumenlebensdauer nicht erlauben. Vielmehr muss ein solcher Zusammenhang für eine konkrete Probe berechnet werden. Abb. 4.13 zeigt die Ergebnisse entsprechender Berechnungen für eine dicke Probe.

Die Ergebnisse zeigen deutlich, dass sich trotz des Anstieges der Volumenlebensdauer die Injektion im von der Mikrowelle erfassten Bereich kaum erhöht und gegen einen konstanten Wert strebt. Dies entspricht den experimentellen Beobachtungen, bei denen sich selbst bei hochwertigen Siliziumblöcken die gemessenen Photoleitungssignale nur wenig von denen mit niedriger Qualität unterscheiden. Vielmehr ist die Größe der Oberflächenrekombination der entscheidende Parameter für die MDP Untersuchungen an Blöcken.

Bei der Untersuchung von dicken, unpassivierten Proben mittels MDP spielt im Gegensatz zu dünnen, gut passivierten Proben die verwendete Wellenlänge des Anregungslichtes eine wesentlich größere Rolle. Da die Probendicke sehr groß im Vergleich zur Diffusionslänge der Ladungsträger ist, wird deren Diffusion weg vom Ort ihrer Generation nicht durch eine zweite Oberfläche begrenzt und es bilden sich charakteristische Ladungs-

4 Untersuchung der MDP Photopulshöhe

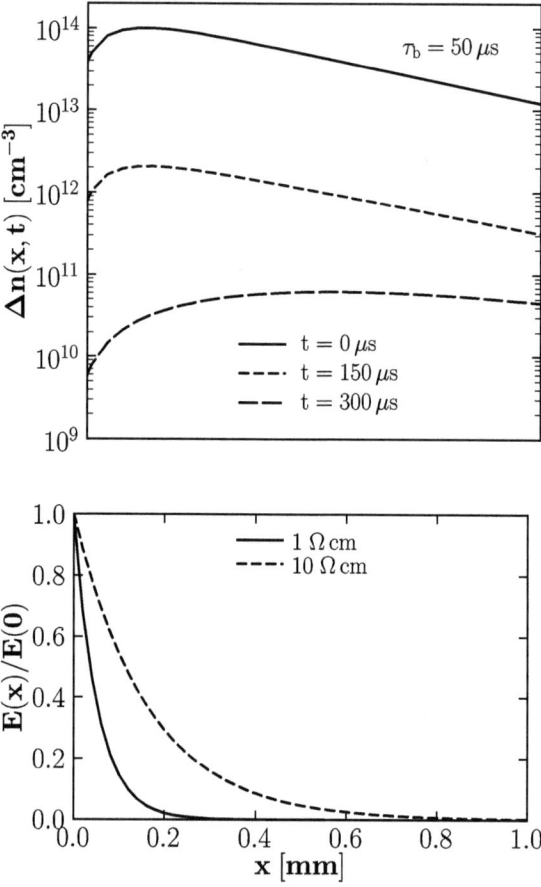

Abbildung 4.12: Berechnete Orts- und Zeitabhängigkeit der Überschussladungsträgerkonzentration in einer 10 mm dicken p-Si Probe (dargestellt ist der erste mm unterhalb der Oberfläche) bei einer Anregunswellenlänge von $\lambda = 978$ nm und mit einer ORG von $S_1 = S_2 = 10000 \, \text{cm} s^{-1}$. Ebenfalls dargestellt ist der Verlauf des elektrischen Feldes der Mikrowelle in der Probe bei verschiedenen Probenwiderständen.

4.3 Untersuchungen von MDP Signalen an Siliziumblöcken

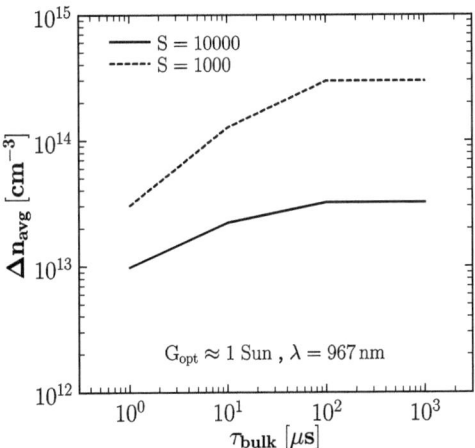

Abbildung 4.13: Berechnete effektive Ladungsträgerkonzentration nach Gl. 4.12. Die Skintiefe des Mikrowellenfeldes der MDP Apparatur wurde als Parameter verwendet, als Probenwiderstand wurde 1.0 Ω cm angenommen.

trägerprofile aus. Für die MDP Messungen ist infolge der begrenzen Eindringtiefe der Mikrowellenstrahlung lediglich ein relativ schmaler Bereich unterhalb der Probenoberfläche für das Messsignal relevant, weshalb der genaue Verlauf der Ladungsträgerkonzentration in der Nähe der Oberfläche von besonderer Bedeutung ist.

In Abb. 4.14a ist der berechnete Verlauf der Elektronenkonzentration für eine 10 mm dicke p-Si Probe bei verschiedenen Anregungswellenlängen dargestellt. Die verwendete Wellenlänge beeinflusst die Form des erzeugten Ladungsträgerprofils im stationären Zustand deutlich. Der Einsatz von Licht mit geringerer Eindringtiefe führt zu einer Verschiebung des Maximums der Ladungsträgerkonzentration im stationären Zustand in Richtung der beleuchteten Oberfläche. Durch die Verwendung von Licht mit extrem geringer Eindringtiefe lässt sich dadurch im stationären Zustand ein Profil einstellen, bei dem die Konzentration der Ladungsträger näherungsweise monoexponentiell mit zunehmender Probentiefe abnimmt.

Mithilfe der Modellierung werden ebenfalls die elektrischen Felder innerhalb der Proben berechnet. Den Feldverlauf innerhalb der Probe für das gewählte Beispiel zeigt Abb. 4.14b. Aufgrund der starken Krümmung des Ladungsträgerprofils in der Nähe der beleuchteten Oberfläche treten die höchsten inneren elektrischen Felder auf. Inwieweit diese Felder infolge ihrer Wechselwirkung mit dem äußeren Feld der Mikrowelle Auswirkungen auf die gemessenen MDP Signale haben, kann im Rahmen dieser Arbeit nicht abschließend

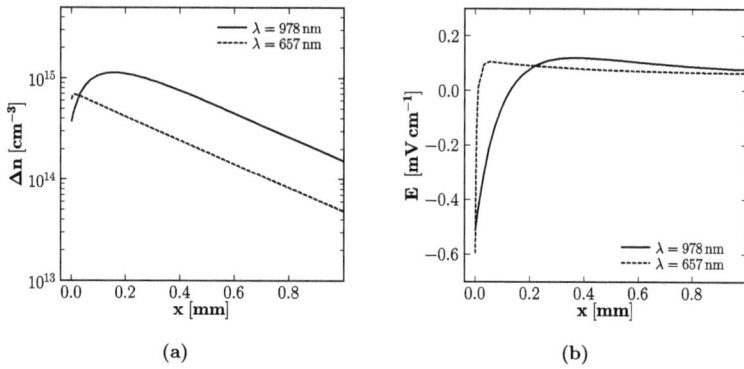

(a) (b)

Abbildung 4.14: (a) Berechnete Konzentration der Überschusselektronen im ersten Millimeter unterhalb der Probenoberfläche für eine 10 mm dicke Siliziumprobe. Zur Berechnungen wurden typische Wellenlängen verwendet, wie sie auch in MDP Messungen zum Einsatz kommen. (b) Die asymmetrische Ladungsverteilung verursacht elektrische Felder innerhalb der Probe.

geklärt werden. Da diese Felder aber durch das Abklingen der Überschussladungsträger zeitabhängig sind, kann eine solche Wechselwirkung nicht von vornherein ausgeschlossen werden.

4.3.6 Zusammenfassung

In diesem Abschnitt wurde ein Berechnungsmodell vorgestellt, das es ermöglicht, die Ortsabhängigkeit der lichtgenerierten Überschussladungsträger in einer Halbleiterprobe durch numerische Lösung der Halbleitertransportgleichungen zu modellieren. Das Modell liefert grundlegende Erkenntnisse über den Einfluss der Oberflächenrekombination auf die Ladungsträgerverteilung in einer Probe. Aus den Ergebnissen konnten erste qualitative Erklärungen für die experimentellen Resultate an Siliziumblöcken abgeleitet werden.

Es konnte gezeigt werden, dass infolge der geringen Eindringtiefe der Mikrowelle in die Proben der Verlauf der Ladungsträgerkonzentration nahe der beleuchteten Oberfläche von besonderer Bedeutung ist. Dieser wird jedoch hauptsächlich durch die Oberflächeneigenschaften bestimmt, und weniger durch die Volumenlebensdauer des untersuchten Materials. Für eine zukünftige quantitative Untersuchung an den technologisch interessanten Siliziumblöcken sind so noch eine Reihe von Problemen zu lösen. Um die theoretischen Resultate noch besser mit experimentellen Daten vergleichen zu können, ist es notwendig, sowohl Berechnungen als auch Messungen an Proben mit definierter

4.3 Untersuchungen von MDP Signalen an Siliziumblöcken

ORG durchzuführen. Im Rahmen dieser Arbeit standen entsprechende Proben nicht zur Verfügung, da deren Präparation eine anspruchsvolle Aufgabe darstellt. Weiterhin ist es notwendig, die bei der Messungen an dicken Proben zum Teil störenden Mikrowellenreflexionen experimentell handhabbar zu machen.

Sollen die Vorteile der berührungslosen Detektion der Photoleitfähigkeit weiter für den Einsatz an dicken Proben optimiert werden, so lassen sich aus physikalischer Sicht einige Probleme nur durch Messungen bei niedrigeren Frequenzen (z.B. im Megahertz Bereich) umgehen. Dies führt aber zu einer drastisch niedrigeren Nachweisempfindlichkeit und einem Verlust der für MDP typischen hohen Ortsauflösung, so dass hier ein guter Mittelweg gefunden werden muss.

4 Untersuchung der MDP Photopulshöhe

5 Zusammenfassung und Ausblick

Die elektrischen Eigenschaften von Halbleitermaterialien werden maßgeblich von der Dynamik der lichtgenerierten Elektron-Loch Paare bestimmt. Mit der neu entwickelten Methode der Mikrowellendetektierten Photoleitfähigkeit (MDP) kann sowohl die Rekombination der Ladungsträger als auch die Umbesetzung von Haftstellen über viele Größenordnungen der Anregungsintensität hinweg berührungslos untersucht werden. Experimentelle Daten, die erstmals in großem Umfang auch bei sehr kleinen Anregungsintensitäten mit hoher Präzision zur Verfügung stehen, zeigen Abhängigkeiten in den MDP Signalen die mit den bisherigen theoretischen Grundlagen der MDP nicht erklärt werden können.

Aufgabe dieser Arbeit war es zum einen, eine theoretische Basis für die Modellierung von MDP Signalen zu entwickeln, mit der eine allgemeine Beschreibung der Dynamik von Ladungsträgern für beliebige Defektmodelle ermöglicht wird. Dies wurde durch ein verallgemeinertes System von Ratengleichungen realisiert, deren numerische Lösung die zeitabhängige Konzentration der Elektronen und Löcher in den Bändern und allen beteiligten Defekten liefert. Durch die Verwendung von spezifischen experimentellen Bedingungen wie z.B. Anregungsintensität und Temperatur wurde die Möglichkeit geschaffen, MDP Signale zu modellieren und mit experimentellen Ergebnissen zu vergleichen.

In Kapitel 3 liegt der Schwerpunkt der theoretischen und experimentellen Untersuchungen auf der Interpretation der injektionsabhängigen Ladungsträgerlebensdauer. Dabei wurden Verfahren zur Bestimmung von Defektparametern erarbeitet und angewendet. Mithilfe von umfangreichen Modellrechnungen für verschiedene Defektmodelle konnten die bisher theoretisch nicht erfassten Messergebnisse bei niedrigen Anregungsraten beschrieben werden. Es wurde gezeigt, dass sowohl der beobachtete starke Anstieg der effektiven Lebensdauer als auch die erhöhte Photoleitung durch den Einfluss der Haftstellen erklärt werden können. Für einen p-dotierten Halbleiter lässt sich die wesentliche Erkenntnis wie folgt formulieren: Die Besetzung von Haftstellen während der Lichtanregung mit Elektronen führt letztlich dazu, dass aus Gründen der Ladungsneutralität die korrespondierenden Löcher als freie Ladungsträger im Valenzband zur Verfügung stehen. Infolge dessen wird die Photoleitfähigkeit $\Delta\sigma$ durch diese zusätzlichen Löcher im Vergleich zu einem Halbleiter ohne Haftstellen erhöht.

Im Anschluss wurde ein analytisch lösbares Haftstellenmodell entwickelt, mit dessen

5 Zusammenfassung und Ausblick

Hilfe prinzipielle Zusammenhänge der Besetzung von Haftstellen während einer MDP Messung herausgearbeitet wurden. Aufbauend auf diesem Modell wurde in Kapitel 4 dieser Arbeit ein neues Verfahren zur genauen Charakterisierung von Haftstellen vorgestellt. Dabei wird die Photoleitfähigkeit über mehrere Größenordnungen injektionsabhängig bei konstanter Temperatur gemessen. Durch Anpassung des analytisch lösbaren Haftstellenmodells an die experimentellen Daten lässt sich die Konzentration und die energetische Lage der Haftstelle im Band bestimmen. Durch Einbeziehung der effektiven Lebensdauer in die Betrachtungen kann zusätzlich der Einfangsquerschnitt der Haftstelle abgeschätzt werden. Durch systematische Untersuchung verschiedener p-dotierter Siliziumproben konnte nachgewiesen werden, dass entgegen gängigen Vorstellungen selbst in hochwertigem Silizium Haftstellenkonzentrationen auftreten, die einen relevanten Einfluss auf Lebensdauermessungen ausüben. Es wurden beispielsweise in Cz-Material für die Elektronikindustrie Haftstellenkonzentrationen von bis zu $6 \cdot 10^{12}$ cm^{-3} detektiert, die mit einer Aktivierungsenergie von 0.65 eV sehr tief im Band liegen. Durch den Vergleich mit Literaturdaten und der deutlich geringeren Konzentration in Fz-Material ist eine Sauerstoffkorrelation der gefundenen Defekte naheliegend. In multikristallinem Silizium aus der Solarzellenproduktion treten dagegen sehr hohe Konzentrationen ($N_T = 7.1 \cdot 10^{14}$ cm^{-3}) energetisch flacher Haftstellen ($E_A = 0.38$ eV) auf. Die genaue Identifizierung der beteiligten Defekte und die Auswirkungen derart hoher Haftstellenkonzentrationen auf die Betriebsparameter von Solarzellen sind Gegenstand mehrerer aktueller Forschungsbemühungen.

Als unmittelbare Folge des Haftstellenmodells ergeben sich weitreichende Auswirkungen auf die Interpretation von PICTS Messungen. So konnte mit dem entwickelten Modell das Auftreten von positiven und negativen PICTS-Peaks des EL2 Defektes in SI-GaAs aufgeklärt werden.

Neben der Anwendung zur Untersuchung von Haftstellen wurde das entwickelte Simulationssystem zur Berechnungen von injektionsabhängigen Lebensdauern eingesetzt. Dabei wurden systematisch der Einfluss verschiedener Parameter von Rekombinationszentren untersucht, und am Beispiel einer Eisen-kontaminierten Probe demonstriert. Es gelang dabei, sowohl die Konzentration der Eisen-Bor Paare (FeB), als auch des interstitiellen Eisens Fe_i aus injektionsabhängigen MDP Messungen zu ermitteln. Es stellte sich weiterhin heraus, dass die gemessenen Abhängigkeiten der Lebensdauer nur durch das gleichzeitige Auftreten von FeB und Fe_i zu erklären ist.

Ein detaillierter Vergleich der wichtigsten Methoden für die berührungslose Messung der Ladungsträgerlebensdauer mit der MDP ergab, dass neben der Anregungsintensität vor allem die Dauer des Anregungspulses die gemessene effektive Lebensdauer beeinflusst. Es wurde gezeigt, dass infolge des Erreichens eines stationären Zustandes bei der Lebensdauermessung die MDP Resultate weitestgehend mit QSSPC Messungen korrelieren. Die

μ-PCD Methode liefert infolge ihrer extrem kurzen Anregungszeiten bei identischen Defektsituationen andere Resultate, die auf die unterschiedliche Dynamik der Defektmodelle unter Pulsanregung zurück zu führen ist.

Durch die Anwendung des im Rahmen dieser Arbeit entwickelten Simulationswerkzeuges zur Berechnung der Lebensdaueränderung in p-dotiertem Silizium bei der Spaltung von Eisen-Bor-Paaren wurde die quantitative Bestimmung der technologisch wichtigen Eisenkonzentration in Silizium ermöglicht. Es wurde eine Methode erarbeitet, mit deren Hilfe die für die Konzentrationsbestimmung notwendigen Kalibrierfaktoren aus Simulationsrechnungen gewonnen werden können. Im Laufe der Untersuchungen wurde deutlich, dass entgegen den ursprünglichen Annahmen zusätzliche Defekte, insbesondere Haftstellen, die Probendotierung und die Temperatur die experimentelle bestimmbaren Lebensdauern bei der Eisen-Bor-Spaltung stark beeinflussen. Dies führt, neben einer Verschlechterung der Nachweisempfindlichkeit durch zusätzliche Haftstellen, zu einer Verschiebung des charakteristischen "Cross-Over" Punktes in den Kurven der injektionsabhängigen Lebensdauer hin zu höheren Injektionen. Die Resultate der Untersuchungen wurden abschließend bei der Bestimmung der Eisenkonzentration an kontaminierten Referenzproben angewendet. Der Vergleich mit DLTS Resultaten liefert eine gute Übereinstimmung und belegt, dass mit MDP eine quantitative Eisenbestimmung realisiert werden kann. Als weiteres Resultat werden ortsaufgelöste MDP Topogramme der Eisenkonzentration an Solarsilizium präsentiert.

Um das Verständnis der mittels MDP gemessenen Photopulshöhen zu verbessern, wurden in der vorliegenden Arbeit grundlegende Untersuchungen zum Mechanismus der MDP Signalamplitude durchgeführt. Für dünne Wafer mit guter Oberflächenpassivierung wurde ein einfach anzuwendendes Kalibrierverfahren für MDP Apparaturen erarbeitet, das erstmals die Messung absoluter Photoleitfähigkeiten unabhängig vom Probenwiderstand erlaubt. Die experimentell gefundenen Abweichungen der MDP Signalhöhe vom Standardmodell bei hohen Injektionen konnten durch die begrenzte Eindringtiefe der Mikrowellenstrahlung erklärt werden.

Einen weiteren Schwerpunkt dieser Arbeit bilden theoretische Untersuchungen zur eindimensionalen ortsaufgelösten Modellierung der Ladungsträgerkonzentration in Halbleiterproben. Dazu war es notwendig, das Simulationsprogramm in entscheidenden Punkten zu erweitern um sowohl die Rekombinationsaktivität der Probenoberflächen, als auch die Diffusions- und Driftströme innerhalb der Probe zu berücksichtigen. Es werden dann verschiedene Untersuchungen an unpassivierten, dicken Siliziumproben vorgestellt und mit Berechnungen für dünne, gut passivierte Wafer verglichen. Aus den Untersuchungen geht hervor, dass es bei hohen Probendicken zur Ausbildung eines inhomogenen Ladungsträgerprofils kommt. Eine direkte Folge ist die Ausbildung von elektrischen Feldern im

5 Zusammenfassung und Ausblick

Probeninneren ebenso wie die starke Abhängigkeit der Form des Ladungsträgerprofils vom verwendeten Anregungslicht. Die zeitliche Veränderung des Ladungsträgerprofils nach dem Abschalten des Lichtes lässt sich mit dem vorgestellten Verfahren berechnen und die von der Mikrowelle erfasste effektive Ladungsträgerdichte untersuchen. Da aus der bisherigen Literatur nur sehr wenig über die Zusammenhänge der MDP Signale an solchen Probenstrukturen bekannt ist, liefern diese Untersuchungen wichtige Hinweise zum besseren Verständnis der experimentellen Daten.

Einige zukünftige Aufgaben im Zusammenhang mit der MDP sind bereits jetzt absehbar. Der verstärkte Einsatz der MDP in der Industrie wird zu einem deutlichen Zuwachs an prozessintegrierten Messungen führen. Es wird notwendig sein, zukünftig sehr große Mengen an MDP Signalen von unterschiedlichsten Materialien auszuwerten. Bereits jetzt werden z.B. Untersuchungen entlang der gesamten Prozesskette bei der Produktion von Solarzellen durchgeführt. Diese Messungen werden an Proben vorgenommen, die verschiedenste Oberflächeneigenschaften und variable Probendicken besitzen. Die theoretischen Modelle, die zur Untersuchungen der Volumeneigenschaften eines Materials Verwendung finden, können nicht ohne weiteres für die erfolgreiche Interpretation der Messergebnisse eingesetzt werden. Des Weiteren sind MDP Messungen an fertigen Bauelementen möglich. Für die so gewonnenen Signale müssen neue Interpretationsansätze gefunden werden, da die innere Struktur der Bauelemente die Messungen wesentlich beeinflusst. Erste Lösungsansätze wurden mit den ortsabhängigen Berechnungen der Ladungsträgerkonzentration in dieser Arbeit bereits gegeben. Das dort vorgestellte Modell kann als Grundlage für zukünftige Simulationen komplexer Bauelemente und einer Erweiterung der Simulationen auf die laterale Ausdehnung des Ladungsträgerprofils dienen. Aus physikalischer Sicht wäre zu prüfen, ob eine direkte Kopplung der Halbleitertransportgleichungen mit einer zeitabhängigen Simulation des Mikrowellenfeldes neue Erkenntnisse über die Mechanismen der MDP Signalentstehung liefert.

Noch viel Raum für weitere Innovationen bietet ferner die Kombination aus temperatur- und injektionsabhängigen MDP Messungen. Infolge des hohen experimentellen Aufwandes ist das Potenzial der temperaturabhängigen Messungen noch nicht ausgeschöpft. Durch die in dieser Arbeit vorgestellte Möglichkeit, neben der temperaturabhängigen Berechnungen der Umbesetzung von Störstellen unter Lichtanregung auch z.B. die Ionisierung der Dotierstoffe mit einzubeziehen, sind in der Zukunft vielfältige interessante Ergebnisse auf diesem Gebiet zu erwarten.

Literaturverzeichnis

[1] ABELE, J. C. ; KREMER, R. E. ; BLAKMORE, J. S.: Transient photoconductivity measurements in semi-insulating GaAs - a digital approach. In: *J. Appl. Phys.* 62 (1987), Nr. 6, S. 2432–2438

[2] ABERLE, A. G.: *Crystalline silicon solar cells – Advanced surface passivation and analysis*. Sydney, University of New South Wales, Diss., 1999

[3] ABERLE, A. G. ; GLUNZ, S. W. ; WARTA, W.: Impact of illumination level and oxide parameters on Shockley-Read-Hall recombination at the SiO_2 interface. In: *J. Appl. Phys.* 71 (1992), Nr. 9, S. 4422

[4] ARNDT, G. D. ; HARTWIG, W. H. ; STONE, J. L.: Photodielectric Detector using a superconducting Cavity. In: *J. Appl. Phys.* 39 (1968), Nr. 6, S. 2653–2656

[5] BLOOD, P. ; ORTON, J.W.: *The Electrical Characterization of Semiconductors: Majority Carriers and Electron States*. Academic Press London, 1992

[6] BÖER, K. W.: *Survey of Semiconductor Physics I*. University of Delaware, 1990

[7] BÖER, K. W.: *Survey of Semiconductor Physics II - Barriers, Junctions, Surface and Devices*. University of Delaware, 1990

[8] BRASIL, Maria J. S. P. ; P., Motisuke: Deep center characterization by photo-induced transient spectroscopy. In: *J. Appl. Phys.* 68 (1990), Nr. 7, S. 3370–3376

[9] BRENT, Richard: *Algorithms for minimization without derivatives*. Prentice-Hall, 1973

[10] BROWN, P. N. ; HINDMARSH, A. C.: Reduced Storage Matrix Methods in Stiff ODE Systems. In: *J. Appl. Math. and Comp.* 31 (1989), Nr. 11, S. 40–91

[11] BUCK, T. M. ; KIM, F. S.: Effects of certain chemical treatments and ambient atmosphere on surface properties of silicon. In: *J. Electrochem. Soc.* 105 (1958), S. 709

[12] BYRD, R. H. ; LU, P. ; NOCEDAL, J.: A Limited Memory Algorithm for Bound Constrained Optimization. In: *SIAM Journal on Scientific and Statistical Computing* 16 (1995), Nr. 5, S. 1190–1208

[13] CHHABRA, B. ; JACOBS, S. ; HONSBERG, C.B.: Suns-Voc and minority carrier lifetime measurements of III-V tandem solar cells. In: *Photovoltaic Energy Conversion, Conference Record of the 2006 IEEE 4th World Conference on*, 2006

[14] DOBACZEWSKI, L. ; KACZOR, P. ; HAWKINS, I. D. ; PEAKER, A. D.: Laplace Transform deep-level transient spectroscopic studies of defects in semiconductors. In: *J. Appl. Phys.* 76 (1994), Nr. 1, S. 194–198

[15] DORKEL, J.M. ; LETURCQ, Ph.: Carrier Mobilities in Silicon Semi-Empirically Related to Temperature, Doping and Injection Level. In: *Solid-State Electronics* 24 (1981), Nr. 9, S. 821–825

[16] DORNICH, K.: *Elektrische Charackterisierung und Defektanalytik von Silizium mit MDP und MD-PICTS*, TU Bergakademie Freiberg, Diss., 2006

[17] DORNICH, K. ; HAHN, T. ; NIKLAS, J. R.: Non destructive electrical defect characterisation and topography of silicon wafers and epitaxial layers. In: *Proceedings of the MRS Spring Meeting 2005*, 2005, S. 148932

[18] EICHE, C. ; MAIER, D. ; SCHNEIDER, M. ; SINERIUS, D. ; WEESE, J. ; BENZ, K. W. ; HONERKAMP, J.: Analysis of photoinduced current transient spectroscopy (PICTS) data by a regularisation method. In: *J. Phys. Condens. Matter* 4 (1992), S. 6131–6140

[19] FUKUYAMA, A. ; MEMON, A. ; SAKAI, K.: Investigation of deep levels in semi-insulating GaAs by means of the temperature change piezoelectric photo-thermal measurements. In: *J. Appl. Phys.* 89 (2001), Nr. 3, S. 1751–1754

[20] FÜSSEL, W. ; SCHMIDT, M. ; ANGERMANN, H ; MENDE, G. ; FLIETNER, H.: Defects at the SiO_2/Si interface: their nature and behaviour in technological processes and stress. In: *Nucl. Instrum. and Meth. in Phys. Res. A* 377 (1996), S. 177

[21] GRUENDIG-WENDROCK, B. ; JURISCH, M. ; NIKLAS, J. R.: Defect specific topography of GaAs wafers by microwave-detected photo induced current transient spectroscopy. In: *Material Science and Engineering B* 91-92 (2002), S. 371–375

[22] GRÜNDIG-WENDROCK, B.: *Mikrowellendetektierte Photoleitung und PICTS Methodik und Anwendungen auf GaAs*, TU Bergakademie Freiberg, Diss., 2004

[23] HAHN, S. ; DORNICH, K. ; HAHN, T. ; KOEHLER, A. ; NIKLAS, J. R.: Contact-free defect investigation of wafer annealed SI InP. In: *Material Science in Semiconductor Processing* 9 (2007), Nr. 1-3, S. 355–358

[24] HAHN, T. ; SCHMERLER, S. ; HAHN, S. ; NIKLAS, J. R. ; GRÜNDIG-WENDROCK, B.: Interpretation of lifetime and defect spectroscopy measurements by generalized rate equations. In: *Journal of Materials Science: Materials in Electronics* (2008). http://dx.doi.org/10.1007/s10854-008-9616-2. – DOI 10.1007/s10854–008–9616–2

[25] HAHNEISER, O.: *Numerische Simulation und Messung der Mikrowellenreflexion an kristallinem Silizium*, FU Berlin, Diss., 1998

[26] HAMDI, Samir: *Method of lines.* Scholarpedia, 2007 http://www.scholarpedia.org/article/Method$_o f_l ines$

[27] HARTWIG, W. H. ; HINDS, J. J.: Use of Superconducting Cavites to Resolve Carrier Trapping Effects in CdS. In: *J. Appl. Phys.* 40 (1969), Nr. 5, S. 2020–2027

[28] HAYNES, J. R. ; HORNBECK, J. A.: Trapping of Minority Carriers in Silicon. II. n-Type Silicon. In: *Physical Review* 100 (1955), Nr. 2, S. 606–615

[29] HINDMARSH, A. C.: ODEPACK, A Systematized Collection of ODE Solvers. In: *Scientific Computing* 1 (1983), Nr. 1, S. 55–64

[30] HÖLZL, R.: *Untersuchung verschiedener Gettermechanismen in Siliziumscheiben mit einer neuartigen tiefenaufgelösten Ultraspurenanalyse*, Universität Regensburg, Diss., 1999

[31] HORNBECK, J. A. ; HAYNES, J. R.: Trapping of Minority Carriers in Silicon. I. P-Type Silicon. In: *Physical Review* 97 (1955), Nr. 2, S. 311–322

[32] HULL, Robert: *Properties of Crystalline Silicon.* INSPEC, 1999

[33] ISTRATOV, A. A. ; BUONASSISI, T. ; MCDONALD, R. J. ; SMITH, A. R. ; SCHINDLER, R.: Metal content of multicrystalline silicon for solar cells and its impact on minority carrier diffusion length. In: *J. Appl. Phys.* 94 (2003), Nr. 10, S. 6552

[34] ISTRATOV, A. A. ; F., Vyvenco O.: Exponential Analysis in Physical Phenomena. In: *Rev. Sci. Inst.* 70 (1999), Nr. 2, S. 194–198

[35] KATO, Masashi ; KAWAI, Masahiko ; MORI, Tatsuhiro ; ICHIMURA, Masaya ; SUMIE, Shingo: Excess Carrier Lifetime in a Bulk p-Type 4H–SiC Wafer Measured by the Microwave Photoconductivity Decay Method. In: *Japanese Journal of Applied Physics* 46 (2007), S. 5057–5061

[36] KREHER, Konrad: *Festkörperphysik.* Akademie-Verlag Berlin, 1973

[37] KUNST, M. ; BECK, G.: The study of charge carrier kinetics in semiconductors by microwave conductivity measurements. In: *J. Appl. Phys.* 60 (1986), Nr. 10, S. 3558–3566

[38] LANG, D. V.: Deep-level transient spectroscopy: a new method to characterize traps in semiconductors. In: *J. Appl. Phys.* 45 (1974), Nr. 7, S. 3023–3032

[39] LOUIS, A. K.: *Inverse und schlecht gestellte Probleme.* B. G. Teubner Stuttgart, 1989

[40] LUKE, K. L. ; CHENG, L. J.: Analysis of the interaction of a laser pulse with a silicon wafer: Determination of bulk lifetime and surface recombination velocity. In: *J. Appl. Phys.* 61 (1987), Nr. 519

[41] MACDONALD, D. ; CUEVAS, A.: Capture Cross sections of the acceptor level of iron-boron pairs in p-type silicon by injection-level dependent lifetime measurements. In: *J. Appl. Phys.* 89 (2001), Nr. 12, S. 7932–7939

[42] MACDONALD, D. ; CUEVAS, A.: Validity of simplified Shockley-Read-Hall statistics for modeling carrier lifetimes in crystalline silicon. In: *Phys. Rev. B* 67 (2003), Nr. 7, S. 075203

[43] MACDONALD, D. ; GEERLINGS, L. J. ; AZZIZI, A.: Iron detection in crystalline silicon by carrier lifetime measurements for arbitrary injection and doping. In: *J. Appl. Phys.* 95 (2004), Nr. 3, S. 1021–1028

[44] MACDONALD, D. ; KERR, M. ; CUEVAS, A.: Boron-related minority-carrier trapping centers in p-type silicon. In: *Applied Physics Letters* 75 (1999), Nr. 11, S. 1571

[45] MACDONALD, D. ; ROTH, Th. ; DEENAPANRAY, P. N. K. ; BOTHE, K. ; POHL, P. ; SCHMIDT, J.: Formation rates of iron-acceptor pairs in crystalline silicon. In: *J. Appl. Phys.* 98 (2005), Nr. 8, S. 083509

[46] MACDONALD, D. ; ROTH, Th. ; DEENAPANRAY, P. N. K. ; TRUPKE, T. ; BARDOS, R. A.: Doping dependence of the carrier lifetime crossover point upon dissociation of iron-boron pairs in crystalline silicon. In: *Applied Physics Letters* 89 (2006), Nr. 14, S. 142107

[47] MACDONALD, D. ; TAN, J. ; TRUPKE, T.: Imaging interstitial iron concentrations in boron-doped crystalline silicon using photoluminescence. In: *J. Appl. Phys.* 103 (2008), Nr. 7, S. 073710

[48] MARDAL, Kent-Andre ; SKAVHAUG, Ola ; LINES, Glenn T. ; STAFF, Gunnar A.: Using Python to Solve Partial Differential Equations. In: *Computing in Science and Engineering* 9 (2007), Nr. 3, S. 48–51

[49] MARK, J. K. ; CUEVAS, A.: General parameterization of Auger recombination in crystalline silicon. In: *J. Appl. Phys.* 91 (2002), Nr. 4, S. 2473

[50] MÜSSIG, Th.: Principles of Microwave Absorption Technique Applied to AgX Microcrystals. In: *Journal of Imaging Science and Technology* 41 (1997), Nr. 2

[51] NAGEL, H. ; BERGE, C. ; ABERLE, A. G.: Generalized analysis of quasi-steady-state and quasi-transient measurements of carrier lifetimes in semiconductors. In: *J. Appl. Phys.* 86 (1999), Nr. 11, S. 6218–6221

[52] PALAIS, O.: Contactless measurements of bulk lifetime and surface recombination velocity in silicon wafers. In: *J. Appl. Phys.* 93 (2003), Nr. 8, S. 4686–4690

[53] PAVELKA, T.: New Possibilities for the Microwave Photoconductive Decay Technique. In: *Semiconductor Fabtech*, 1996, S. 247–249

[54] PAWLOWSKI, M. ; KAMINSKI, P. ; KOZLOWSKI, R. ; JANKOWSKI, S. ; WIEBRZBOWSKI, M.: Intelligent measurement system for the characterization of defect centers in semi-insulating materials by photoinduced transient spectroscopy. In: *Metrology and Measurement Systems* 11 (2005), Nr. 2, S. 207–227

[55] PAWLOWSKI, M. ; KAMINSKI, P. ; KOZLOWSKI, R. ; MICZUGA, M.: Laplace Transform photoinduced spectroscopy: new powerfull tool for defect characterisation in semi-insulating material. In: *SPIE Proceedings* Bd. 5136, 2003, S. 59–65

[56] PENCHINA, C. M. ; MOORE, J. S. ; HOLONYAK, N.: Energy Levels and negative Photoconductivity in Cobalt-doped Silicon. In: *Physical Review* 143 (1966), Nr. 2, S. 634–636

[57] POINDEXTER, E. H. ; CAPLAN, P. J. ; GERARDI, G. J. ; HELMS, C. R. (Hrsg.) ; DEAL, B. E. (Hrsg.): *The physics and chemistry of SiO_2 and the Si/SiO_2 interface*. New York : Plenum, 1988

[58] PROVENCER, S. W.: A constrained regularisation method for inverting data represented by linear algebraic and integral equations. In: *Comp. Phys. Comm.* 27 (1982), Nr. 229-242

[59] REIN, S. ; GLUNZ, S. W.: Electronic properties of interstitial iron and iron-boron pairs determined by means of advanced lifetime spectroscopy. In: *J. Appl. Phys.* 98 (2005), Nr. 11, S. 113711

[60] REIN, S. ; REHRL, T. ; WARTA, W. ; GLUNZ, S. W.: Lifetime spectroscopy for defect characteriszation: Systematic analysis of the possibilities and restrictions. In: *J. Appl. Phys.* 91 (2002), Nr. 4, S. 2059–2070

[61] ROVER, D.T. ; BASORE, P.A. ; THORSO, G.M.: Solar Cell Modeling on Personal Computers. In: *18th IEEE PVSC*, 1995, S. 703–709

[62] SCHENK, A.: Unified bulk mobility model for low- and high-field transport in silicon. In: *J. Appl. Phys.* 79 (1995), Nr. 2, S. 814–831

[63] SCHIESSER, W. E.: *The Numerical Method of Lines: Integration of Partial Differential Equations,*. Academic Press, 1991

[64] SCHMERLER, S.: *Modellierung der Besetzungsdynamik von Defektniveaus und deren Einfluss auf PICTS-Signale*, TU Bergakademie Freiberg, Diplomarbeit, 2006

[65] SCHMERLER, S. ; HAHN, T. ; HAHN, S. ; NIKLAS, J.R. ; GRUENDIG-WENDROCK, B.: Explanation of positive and negative PICTS peaks in SI-GaAs. In: *Journal of Materials Science: Materials in Electronics* (2008). http://dx.doi.org/10.1007/s10854-007-9564-2. – DOI 10.1007/s10854-007-9564-2

[66] SCHMIDT, J.: *Untersuchungen zur Ladungsträgerrekombination an den Oberflächen und im Volumen von kristallinen Silicium-Solarzellen*, Universität Hannover, Diss., 1998

[67] SCHMIDT, J.: Measurement of differential and actual recombination parameters on crystalline silicon wafers. In: *IEEE Transactions on Electron Devices* 46 (1999), Nr. 10, S. 2018–2025

[68] SCHMIDT, J. ; BOTHE, K. ; HEZEL, R.: Oxygen-related minority-carrier trapping centers in p-type Czochralski silicon. In: *Applied Physics Letters* 80 (2002), Nr. 23, S. 4395

[69] SCHÖFTHALER, M.: Semiconductor Fabtech.

[70] SCHÖFTHALER, M. ; BRENDEL, R.: Sensitivity and transient response of microwave reflection measurements. In: *J. Appl. Phys.* 77 (1995), Nr. 7, S. 3162

[71] SCHRODER, D. K.: Surface voltage and surface photovoltage: history, theory and applications. In: *Meas. Sci. Technol.* 12 (2001), Nr. R16-R31. http://dx.doi.org/10.1088/0957-0233/12/3/202. – DOI 10.1088/0957-0233/12/3/202

[72] SCHUBERT, M. C. ; ISENBERG, J. ; REIN, S. ; GLUNZ, S. W. ; WARTA, W.: Injection dependent carrier density imaging measurements including corection for trapping effects. In: *20th European Photovoltaic Solar Energy Conference and Exhibition*, 2005

Literaturverzeichnis

[73] SCHUBERT, M. C. ; WARTA, W.: Determination of spatially resolved trapping parameters in silicon with injection dependent carrier density imaging. In: *J. Appl. Phys.* 99 (2006), Nr. 11, S. 114908

[74] SCHÜLER, N.: *Persöhnliche Mitteilung.* 2008

[75] SCHUMANN, Sylvia: *Evolutionäre Strategien zur Datenanalyse.* Institut für Theoretische Physik, TU Bergakademie Freiberg, Diplomarbeit, 2008

[76] SEMILAB CO. LTD. (Hrsg.): *WT 2000 Technical Manual.* Semilab Co. Ltd., 2001

[77] SHIMURA, F. ; T., Okui ; T., Kusama: Noncontact minority-carrier lifetime measurement at elevated temperatures for metal-doped Czochralski silicon crystals. In: *J. Appl. Phys.* 67 (1990), Nr. 11, S. 7168–7171

[78] SHOCKLEY, W. ; READ JR., W. T.: Statistics of the Recombination of Holes and Electrons. In: *Physical Review* 87 (1952), Nr. 5, S. 835–842

[79] SINTON, R.A. ; CUEVAS, A. ; STUCKINGS, M.: Quasi-Steady-State Photoconductance, A New Method for Solar Cell Material and Device Characterization. In: *Proc of the 25th IEEE Photovoltaic Specialists Conference*, 1996, S. 457–460

[80] SINTON CONSULTING (Hrsg.): *WCT-120 Silicon-Wafer Lifetime Tester.* Sinton Consulting, 2004

[81] SPAETH, J. M. ; NIKLAS, J. R. ; H., Bartram R.: *Structural Analysis of Point Defects in Solids.* Springer Verlag, 1992

[82] SPROUL, A. B.: Dimensionless solution of the equation describing the effect of surface recombination on carrier decay in semiconductors. In: *J. Appl. Phys.* 76 (1994), Nr. 5, S. 2851–2854

[83] STEINEGGER, Th. ; GRUENDIG-WENDROCK, B. ; JURISCH, M. ; NIKLAS, J. R.: On the microscopic structure of the EL6 defect in GaAs. In: *Physica B: Condensed Matter* 308 (2001), S. 745–748

[84] STEPHENS, A. W. ; ABERLE, A. G. ; GREEN, M. A.: Surface recombination measurements at the sillicon - sillicon dioxide interface by microwave detected photoconductance decay. In: *J. Appl. Phys.* 76 (1994), Nr. 1, S. 363

[85] SZE, S. M.: *Physics of semiconductor devices.* Wiley, 1981

[86] TAPIERO, M. ; BENJELLOUN, N. ; ZIELINGER, J. P. ; NOGUET, C.: Photoinduced current transient spectroscopy in high-resistivity bulk materials: Instrumentation and methodology. In: *J. Appl. Phys.* 64 (1988), Nr. 8, S. 4006–4012

[87] WALZ, D. ; JOLY, J.P. ; KAMARINOS, G.: On the recombination behaviour of iron in moderately boron-doped p-type silicon. In: *Applied Physics A: Materials Science and Processing* 62 (1996), Nr. 4, S. 345–353

[88] WEBER, Eicke R.: Transition metals in silicon. In: *Applied Physics A: Materials Science and Processing* 30 (1983), Nr. 1, S. 1–22

[89] YOSHIE, O. ; KAMIHARA, M.: Photoinduced current transient spectroscopy in high-resistivity bulk material. In: *Japanese Journal of Applied Physics* 22 (1983), Nr. 4, S. 621–628

[90] ZHANG, Keqian: *Electromagnetic theory for microwaves and optoelectronics*. Springer Verlag, 1998

[91] ZOTH, G. ; BERGHOLZ, W.: A fast, preparation-free method to detect iron in silicon. In: *J. Appl. Phys.* 67 (1990), Nr. 11, S. 6764

[92] ZYCHOWITZ, G.: *Ein Beitrag zum Nachweis tiefer Störstellen in halbisolierendem GaAs mittels PICTS*, TU Bergakademie Freiberg, Diss., 2006

Symbolverzeichnis

σ elektrische Leitfähigkeit.

γ Dämpfungskonstante

ω, ω_0 Kreisfrequenz der Mikrowellenstrahlung

E elektrische Feldstärke

t Zeit

x Ort

T Temperatur

k_B Boltzmann-Konstante

m_n^*, m_p^* effektive Masse der Elektronen (n) bzw. Löcher (p)

q, e Elementarladung

P Polarisation

χ elektrische Suszeptibilität

ε_0 Permittivität des Vakuums

ε_r relative Permittivität

G Generationsrate

R, U Rekombinationsrate

n, p Konzentration der Elektronen bzw. Löcher

n_0, p_0 Gleichgewichtskonzentration der Elektronen bzw. Löcher

n_i intrinsische Elektronenkonzentration

n_1, p_1 Shockley-Read-Hall Konzentration der Elektronen bzw. Löcher [42]

τ Lebensdauer (Rekombinationslebensdauer)

Symbolverzeichnis

τ_b Volumenlebensdauer

τ_{eff} effektive Lebensdauer

N_T Konzentration einer Störstelle (Rekombinationszentrum, Haftstelle)

n_T Elektronenkonzentration in einer Störstelle N_T

σ_n, σ_p Einfangsquerschnitt einer Störstelle für Elektronen bzw. Löcher

S Oberflächenrekombinationsgeschwindigkeit (ORG)

W Probendicke (Waferdicke)

D_n Diffusionskonstante der Elektronen

μ_n, μ_p Beweglichkeit der Elektronen bzw. Löcher

E_T Energielage einer Störstelle in der Bandlücke

E_V Energie der Valenzbandkante

E_C Energie der Leitungsbandkante

N_V Zustandsdichte des Valenzbandes

N_C Zustandsdichte des Leitungsbandes

v_{th} thermische Geschwindigkeit der Elektronen

F Fermifunktion

κ Symmetrifaktor

L_n Diffusionslänge der Elektronen

j_n, j_p Stromdichte der Elektronen bzw. Löcher

Ψ elektrostatisches Potenzial

ϱ Ladungsdichte

I want morebooks!

Buy your books fast and straightforward online - at one of world's fastest growing online book stores! Environmentally sound due to Print-on-Demand technologies.

Buy your books online at
www.morebooks.shop

Kaufen Sie Ihre Bücher schnell und unkompliziert online – auf einer der am schnellsten wachsenden Buchhandelsplattformen weltweit! Dank Print-On-Demand umwelt- und ressourcenschonend produziert.

Bücher schneller online kaufen
www.morebooks.shop

KS OmniScriptum Publishing
Brivibas gatve 197
LV-1039 Riga, Latvia
Telefax: +371 686 204 55

info@omniscriptum.com
www.omniscriptum.com

Printed by Books on Demand GmbH, Norderstedt / Germany